JN295304

金属学プロムナード
─セレンディピティを追って─

小岩 昌宏

◆アグネ技術センター◆

はしがき

　雑誌『金属』編集部の依頼を受けて2000年4月から,「金属学プロムナード」と名づけて隔月に14編を同誌に寄稿した.本書はこれらをまとめて単行本にしたものである.章の配列は雑誌掲載順であり,相互に独立した内容であるからどこから読んでいただいても差し支えない.しいていえば第3章と第4章がやや関連した内容を扱っている.

　副題としてつけた「セレンディピティ」という用語は,最後の第14章で述べているように,「掘り出し上手」,「偶然と賢明さに助けられて,捜し求めていたものでないものを発見する能力」などとさまざまな定義づけがなされている.この語は2000年度のノーベル化学賞を受賞した白川英樹氏が自らの研究を語る際に用いたこともあって注目を集めた.本書には「金属学」からはかなり離れた内容のものもいくつか含まれている.しかし,もともとプロムナード (promenade, 遊歩道) であるからには,横道に入り込んだり,道草を食ったりは当然許されることとして気ままに筆を進めた.読者の皆さんがそれぞれのセレンディピティによって,思わぬ発見をされることがあれば望外の喜びである.

　本書の刊行をまぢかに控えて校正刷りを読み返しながら,原稿執筆の際にお世話になった方々に思いをはせ,感謝の念を新たにしている.とくに,大学入学時以来の友人である松尾宗次さん (日鉄技術情報センター) には,大半の章の資料収集や写真の入手に関してお世話になった.セレンディピティ探究に際しては松澤志津代さん (茨城大学人文学部) の献身的な調査に多くを負っている.日本国内はもとより,英国,スリランカの図書館へも問い合わせて,正確な情報,資料の入手に尽力してくださった.

　海外の知友の支援にも助けられた.英国のカーン教授 (R.W.Cahn) は材料科学の著名な研究者で,さまざまな専門書・国際学術誌の著者・編者として知られている一方,文学・歴史にも造詣の深い博覧強記の人である.国際会議な

ど機会があるごとに食事をともにしさまざまな話題での会話を楽しみ，情報交換をしている．本書の執筆に際しては，第6, 8, 9章関連の各種の資料を送っていただいた．アムステルダム大学のタウン博士（C.Tuijn）には，内部摩擦の研究分野で先駆的業績をあげ，交通事故で夭折したスネークの追悼記事ほかの関連資料の発掘，オランダ語文献の英訳などでお世話になった．この他，資料入手に関してご協力いただいた多くの方々にお礼を申し上げたい．

2004年10月2日
小 岩 昌 宏

目 次

はしがき

1 スネークの業績—金属の内部摩擦とフェライト材料開発と— ——— 1
音叉の振動減衰と内部摩擦 ——————————— 1
スネークに関する報道記事 ——————————— 2
　　J.L.Snoek を偲ぶ／フィリップスのフェライト研究にノーベル賞なし！
悲劇的な自動車事故死 ——————————— 7

2 ニュートンと金属 ——————————— 8
ニュートンの生涯 ——————————— 8
ケンブリッジからロンドンへ ——————————— 10
造幣局とニュートン ——————————— 10
　　変造貨幣に悩まされたイギリス／造幣局監事から長官へ
化学・金属学への興味 ——————————— 12
ニュートンの秘密の箱の中味 ——————————— 14
狂気の性質と原因 ——————————— 16

3 元素と周期表よもやま話 ——————————— 18
元素の発見の歴史 ——————————— 18
周期表のいろいろ ——————————— 19
元素の名前の由来 ——————————— 22
ランタノイド, アクチノイド元素はなぜ15種ずつか？ ——— 22
人名のついた元素 ——————————— 24
元素発見研究者とその所属国のランキング ——————— 25

4 元素発見秘話—ニッポニウムとポロニウム— ──── 28
ニッポニウム ──── 29
新元素ニッポニウムの発見／ニッポニウムの発見はあやまりだった？／ニッポニウムはレニウムだった!!

ポロニウム ──── 32
ポロニウムの特異な性質／ポロニウムの物性測定／単純立方構造のポロニウムは周期表の孤児か？／理化学辞典の記述について／小説に出てくるポロニウム

Np はネプツニウム ──── 38

5 永久磁石材料— KS鋼, MK鋼, 新KS鋼の開発事情— ──── 40
永久磁石の発展 ──── 40
星野芳郎の問題提起「KS鋼と MK鋼の問題」 ──── 41
KS鋼の開発 ──── 42
高木 弘の経歴／高木 弘の学位論文の概要

MK鋼の開発 ──── 47
三島の実験協力者たちの回想

新KS鋼の開発 ──── 53
白川勇記と新KS磁石鋼

MK鋼と新KS鋼の特許係争 ──── 56
岩瀬慶三の批判 ──── 57
星野芳郎の指摘は妥当か？ ──── 58
勝木論文「KS磁石鋼の発明過程」 ──── 59
『本多光太郎伝』をどう読むか？／木内修一をめぐって

材料学的にみた3種の磁石鋼 ──── 62
真相は藪の中？ ──── 63

6 原子仮説の確立過程—かつて化学者は気体構造をどのように考えたか？ 65
世界に大異変が起こるとしたとき次世代に残すべき情報は何か？ 65
物質三態における原子配列の特徴 ──── 65
気体の格子理論：化学の歴史において忘れられたあるエピソード ──── 67
ボイルの原子／古代ギリシャの原子／ドルトンの原子／化学の三つの基本則とドルトンの原子説／ゲイ・リュサックの気体反応の法則／アヴォガドロの分子説

カールスルーエ国際化学会議 ──── 74

気体分子運動論の歩み ──────────────── 76

7 レントゲンとX線の発見 ───────────────── 79
　　　レントゲンの生い立ちと経歴 ─────────────── 79
　　　放電現象と陰極線 ──────────────────── 80
　　　X線の発見 ──────────────────────── 82
　　　X線の発見を報じた論文の要旨 ───────────── 83
　　　公開講演会 ──────────────────────── 84
　　　ミュンヘン大学へ─ラウエによるX線の結晶解析への応用─ ── 86
　　　ノーベル賞受賞とレナルトの反撥 ─────────────── 87
　　　70年後に明らかになったノーベル賞の審査過程 ────── 88
　　　日本におけるX線結晶学のあけぼの ────────────── 89

8 「猫」と首縊りの力学と学術雑誌 ──────────── 92
　　　『吾輩は猫である』 ──────────────────── 92
　　　学会講演の練習風景 ─────────────────── 93
　　　『オデュッセイア』 ──────────────────── 94
　　　首縊りの方法は？ ──────────────────── 95
　　　印刷出版業者 "Taylor & Francis" ────────────── 96
　　　学術雑誌『フィロソフィカル・マガジン』の歴史 ──────── 99

9 拡散研究の先駆者たち ──────────────── 102
　　　拡散とは？ ──────────────────────── 102
　　　造幣局の化学者─グレアム ────────────────── 103
　　　拡散法則の確立─生理学者フィック ───────────── 104
　　　固体金属における拡散の最初の測定者─ロバーツ-オースデン　106
　　　放射性同位元素を拡散測定にはじめて用いたヘヴェシー ── 110
　　　ブラウン運動の理論的解明をしたアインシュタイン ────── 111

10 転位論─人名のついた用語にまつわるエピソード─ ──── 114
　　　シンポジウム「固体物理学の始まり」 ──────────── 114
　　　固体物理学の早き日々の思い出─モットの回想 ─────── 115
　　　初期の固体物理学─バイエルスの回想 ────────── 116

- 転位物理学の初期の思い出―ナバロの回想 ── 117
- 我が兄と私はどうして転位に興味を抱くに至ったか？
  　　―W. G. バーガースの回想 ── 117
- フランク‐リード源―フランクの回想 ── 119
- 金属中の転位：バーミンガム学派，1945–55―コットレルの回想　121
- 透過電顕による転位の直接観察―ハーシュの回想 ── 122
- 固体物理学の歴史を描いた『結晶の迷路から』── 124

11 ヒューム‐ロザリー―その生涯と業績― ── 127
- その生い立ちと生涯 ── 127
- ヒューム‐ロザリーの業績 ── 130
  - ヒューム‐ロザリーの法則／状態図と固溶体／遷移金属合金の研究
  - Average Group Number／執筆活動
- Rule of Thumb の語源 ── 137

12 名前の由来を探る―ジュラルミンとタフピッチ銅― ── 139
- ジュラルミン ── 139
  - 佐貫亦男「ジュラルミンの誕生」から／超ジュラルミンと超々ジュラルミン
- タフピッチ銅 ── 145

13 反応速度論―アレニウスとアイリング― ── 148
- アレニウス ── 148
  - 反応速度に関する原論文の概要／フェアーでないアレニウス？／伝記・評伝から
- アイリング ── 157
  - 絶対反応速度論の思い出／My Friend, Henry Eyring の抄訳

14 セレンディピティ―その源流と異説の由来― ── 162
- ウォルポールの手紙 ── 162
- 童話『セレンディップの3人の王子』── 163
- セレンディピティの魔力 ── 165
- セレンディピティ的発見のための教育 ── 166
- 材料研究とセレンディピティの一例 ── 167
- 異説セレンディピティ ── 167
- 出所不明の異説セレンディピティいろいろ ── 168

付　私の書いた原稿 ―――――――――――――――――― 172
　　留学・研究所訪問記など ――――――――――――――― 172
　　伝記・人物業績紹介 ―――――――――――――――― 172
　　論文の書き方・講演発表・引用索引（Citation Index） ―― 173
　　内部摩擦・拡散について ――――――――――――――― 173
　　《私の書いた原稿のリスト》 ――――――――――――― 174

　索　引　《事項・人名》 ――――――――――――――――― 177

1 スネークの業績
―金属の内部摩擦とフェライト材料開発と―

音叉の振動減衰と内部摩擦

楽器の調律に使う音叉（U字型に曲げた金属棒）というものがある．弾くと所定の振動数の音を出すが，音は次第に小さくなりやがて振動は止まってしまう．鋼製の音叉を用いて振動の持続時間が温度によってどう変化をするか調べた人がいる[1]．図1.1がその結果で，70℃近傍で早く減衰する．温度とともに単調に変化するのであれば，原因はともかくそれほど不思議ではないが，中間の温度で極小を示すのはなぜであろうか？ 物理学者はこの現象に興味を抱き，その原因解明にあたった．やがて，鉄中に含まれている炭素，窒素がこの異常の原因であることが明らかにされた．その解明に最も大きな貢献をしたのがスネーク（J.L.Snoek；1902-50）[2]である．図1.1の縦軸は「振動の持続時間」であるが，その逆数，〔（振動の1サイクル中に）失われるエネルギー，すなわち内部摩擦〕をプロットしなおすと，70℃近傍に極大をもつ曲線になる．これはスネーク・ピークとよば

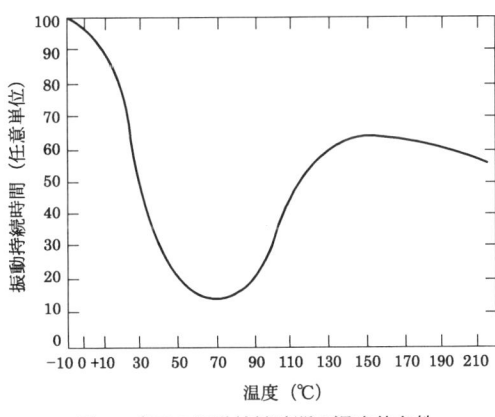

図1.1 音叉の振動持続時間の温度依存性
f = 64Hz（Woodruff[1]による）

れている.その詳細は著者が以前『金属』に書いた解説[3],沼倉の解説[4]を参照していただきたい.

スネークに関する報道記事

スネークはフィリップス研究所に属し,第二次大戦中にドイツ軍がオランダを占領していた期間,ナチスにとって「役に立たない(not useful)研究」を行うことによって消極的に抵抗するつもりでこの現象を調べたとのことである.著者はおよそ30年ほど前からスネークの人物と業績の全体像を知りたいと思い,国際会議などの機会がある毎に知人に問いかけてきたが,思わしい情報は入手できなかった.ところが2000年7月パリで開かれた拡散の国際会議(DIMAT-2000)の折,旧知の友人,タウン(C.Tuijn)博士(アムステルダム大学)に話したところ,ひと月も経たないうちに貴重な情報を伝えてくれた.

スネークの死亡直後の1951年にある雑誌に掲載された追悼記事と,1996年に技術週刊誌に載った記事のコピーで,いずれもオランダ語で書かれており,私のために英訳も添えてあった.以下にその概要を紹介する.

J.L.Snoekを偲ぶ (H.G.B.Casimir) N.T.v.N (オランダ物理学会誌) 17 (1951) 1.

図1.2 オランダ物理学会誌に掲載されたスネークの追悼記事

1950年12月3日,J.L.Snoek博士は米国で自動車事故のため逝去された.オランダ物理学界は卓越した実験研究者を失った.同氏の科学的業績は十分に認識されてきたとは言い難い.

Jacobus Louis Snoekは1902年5月18日,ユトレヒト(Utrecht)に生まれた.ユトレヒト大学に学び,1929年に「バルマー系列の吸収測定による水素における量子力学の検証」と題する論文を提出しPh.D.の学位を得た.同年4月1日,フィリップスに入社し,21年間にわたってアイントホーヴェンにある物理学研究所に勤務した.この間,固体中の現象の解明ならびに工学的に重要な

材料の開発に大きく貢献した．彼の業績のすべてに触れることは難しい．彼はおよそ60編の論文を書いたが，工学的な研究の大部分は未発表で，論文として発表されたものはごく一部にすぎない．ここでは，主要な研究成果のほんのいくつかに触れることにする．

最初，彼は音響学，とくに炭素マイクロフォンに関する研究に従事し，続いてファン アルケル（van Arkel）と協力して誘電体の研究を行った．しばしば引用されるファン アルケルとスネークの式は，その成果の一つである．1934年頃から関わりはじめた強磁性の問題はその後の彼の主要な研究テーマとなった．最初，圧延した Ni-Fe 箔の磁気的性質の解明に取り組んだ．これは特殊な集合組織を有し，磁気的異方性が大きく，プーピン（Pupin）コイル，フィルター・コイルに適した特性を有する．この研究においては，その結晶学的部分を担当したバーガース（W.G.Burgers）と共同研究を行った．技術的及び学問的により重要なのは強磁性フェライトに関する研究であろう．これは，高周波領域でも好ましい磁気的性質を持つセラミックスである各種の Ferroxcube の開発に繋がった．この分野でのスネークの論文の数は多くはないが，Elsevier から出版された *"New developments in ferromagnetic materials"* には彼の研究のレビューが載っている．スネークの研究に立脚してネール（Néel）はかの有名な埋論を展開した―この場合,強磁性は隣接する原子の間の反強磁性的相互作用に由来するのである．したがって，スネークの仕事は高周波技術に革新をもたらしたのみならず，新たな興味ある物理の一分野を切り開いたといえよう．昨年6月に開かれたグルノーブル会議では，この分野の研究が盛んに行われていることがうかがわれた．ある周波数限界に近づくと損失が急激に増大する現象は結晶異方性に対応する実効電場におけるジャイロ磁気共鳴であるとする解釈は，彼の研究業績として特筆すべきものの一つである．

純粋に物理学の見地からすると彼のもっともすばらしい仕事は，固体における原子の拡散に由来する力学的エネルギーの消衰現象の発見と説明であろう．鉄中に固溶した微量の炭素原子は，3種類の位置（x, y, z, 図1.4参照）に等確率に分布する．弾性変形が加わると，平衡分布が変化する．もし応力が非常にゆっ

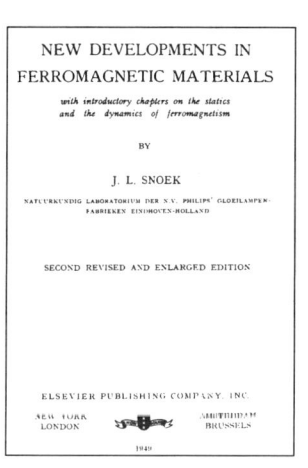

図1.3 スネークの著書（1949）の中表紙

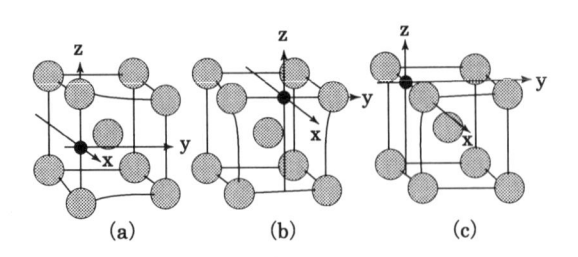

図 1.4 体心立方結晶中の 3 種類の格子間原子の位置

くりと変化するなら，炭素原子は追従して動くことができる．逆に変化が急激であれば拡散は遅すぎて，原子はもとの位置にとどまったままである．中間の変化速度のときに緩和現象が生じ，力学エネルギーのダンピングが観測される．後にこの現象はくわしく研究された．

　以上がスネークの研究の主なものである．スネークは熟練した実験研究者であったが，並外れて実験が巧みな人という意味ではなく，信頼できる結果を素早く得ることができる方法を効率よく選択するのにたけていた．彼の膨大なパワーと集中力はおそるべきもので，偏執的ともいえる姿勢で研究に取り組んだ．他人の反対や批判には耳を貸さなかった．彼の強みは，創造的かつ型にはまらないやり方で問題に取り組んだことであろう．ときには誤った道に迷い込むこともあったかもしれないが，その辛抱強さと物理的直感によって，結局は価値ある結果を手にしたのである．その頑固さゆえに彼はいつもつきあいやすい同僚というわけではなかったが，またそれゆえにこそ他人の抱えている問題にも思わぬ角度から光をあてることができ，多くの人を啓発したのである．1950年の春, いつからか心に芽生え熟成した決断, すなわちアメリカへの移住を実行し, 企業研究所，Horizons Ltd. に勤務した．そこでの在職期間は大きな業績を挙げるにはあまりに短かった．

　スネークのすぐれた特質は以下のように要約できよう．彼は，現象を研究し説明する物理学者であり，また材料を分析し新材料を作り出した化学者でもあり，深遠な物理的解析を基礎にして新しい材料を作り出した．今後ますます，このような研究の進め方は純粋に経験的な方法を駆逐していくであろう．この点において，スネークはパイオニアーの一人であったのである．

フィリップスのフェライト研究にノーベル賞なし！
Technisch Weekblad（週刊技術）1996年5月22日

　今年（1996）はフィリップスがラジオ及び電話技術分野で渇望されていた材料である Ferroxcube を発表してちょうど50年である．「Ferroxcube は容積の大幅な節減をもたらすであろう．これは，無線機器の小型化を意図する製作者にとって大いなる福音である」とスネーク博士は *"Philips Techincal Journal, 1946"* に記した．彼の論文 "Non-metallic magnetic material for high frequencies（高周波用の非金属磁性材料）" はセンセーションを巻き起こした．新しい磁性材料は電子技術の分野に革新をもたらすと予見されたのである．

　電場が変動するとコイル芯には渦電流が生じ，エネルギー損失をもたらす．それを減らすために，当初は相互に絶縁された積層板でコイル芯が作られた．しかしこの方法は製造に時間がかかる上に，すべて問題を解決したわけではなかった．したがって，ラジオ及び電話技術工業は渦電流問題の解決を切望していたのである．

　1909年，ヒルパート（Hilpert）は強磁性芯に関する二つの特許を取得し，見掛け上は渦電流損失問題は解決したかに見えた．しかし，工業的には何も手が打たれず進展はなかった．それは，化学式 MFe_2O_4（Mは2価の金属元素）で表される物質に関するものであった．1933年，フィリップス研究所のスネークらはフェライトに関する研究を開始したが，思わしい成果が得られなかったためこのプロジェクトは1935年に凍結された．1940年，スネークは研究を再開し，やがてフィリップス研究所はコイル芯用の種々の新しいフェライト材料を開発した．

図1.5　スネークのフェライト研究への寄与を報じたオランダの週刊誌の記事

1946年春，ニッケル－鉄酸化物フェライトに関する特許が出願され，Ferroxcubeという商品名で市場に出た．1950年に発表されたFerroxdureはより大きな成功を収めた．

　FerroxcubeとFerroxdureは，ラジオ，変圧器から電気モーターなど広範に用いられ，正しく産業界に革命を起こしたといえよう．コイルの容積は1936年には0.5リットルであったのが，1960年にはわずか5cm^{3}と激減したのである．

　フェライトの研究とその物質開発でフィリップスは国際的に大きな成功を収めたけれど，学問上の栄光は他国に奪われてしまった．1970年，フランス人のネール（L.E.Néel; 1904-2000）は強磁性に関する理論によりノーベル賞を受けた．ネールの仕事はフィリップスの研究に大きく依拠しているといわれる．

　スネークはこれらを最後まで見届けたわけではない．彼は，1948年アメリカに渡り，2年後に自動車事故でなくなった．48歳であった．

　以上二つの記事からわかるように，スネークは磁性材料，特にフェライト研究の分野で先駆的業績を挙げた研究者であった．磁性，磁性材料の書籍を眺めてみると，彼の名前が目に付く．2000年2月に刊行された『武井 武と独創の群像』[5]には，フェライトの発明と特許を巡るTDKとフィリップスの係争が述べてある．その二つの章では，フィリップスの研究でスネークが指導的な役割を演じたことを詳しく記述してある．

　　第9章 彼方のライバル
　　　第3節 スネークはいつ加藤・武井特許を知ったか
　　第11章 試練から飛翔へ
　　　第1節 スネークの"物理的魔法"

　なおこの本は，松尾博志とその協力者によって掘り起こされた得難い資料に立脚して執筆されたもので，既に多くの新聞雑誌の書評欄で紹介され，日本の科学技術史の重要な一冊として高い評価をえている．スネークに関する事項はフィリップス社研究管理部長（元）へのインタビュー，同社から入手した内部文書によるものである．

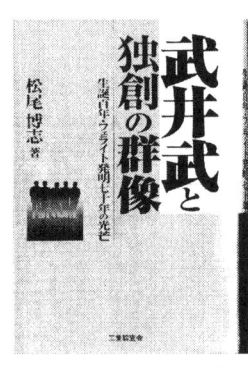

図1.6
フェライト研究で成果を挙げた，武井 武の足跡を記した書の表紙[5]．スネークの名前も出て来る．

悲劇的な自動車事故死

　以前，T.S.Kê（葛庭燧）教授から「スネークは 1950 年頃ポストを求めて北米の各地の研究所を訪問していた．シカゴ大学金属研究所にもゼナー（C.Zener）に面接に来たことがある．提示されたポスト（待遇）には不満で不調に終わった．冬のある日，凍結した道路で運転を誤り事故死した」と聞いたことがある．この章の執筆に際してもう一度詳しい話を聞きたいと思ったが，残念ながら 2000 年 4 月 29 日にお亡くなりになった（87 歳）．同じ頃シカゴ大学金属研究所におられたワート（C.Wert）教授に，何かスネークについてご存じか？と尋ねたところ「スネークはクリーブランドへ来て，単結晶を販売する会社で働いていた．彼は長いポール（多分電話用の）を運搬しているトラックに追突し，そのポールが運転席に突っ込んできて事故死した．私自身はスネークに会ったことはない」とのことであった．第二次大戦の戦中戦後の苦難の時期に研究生活を送り，新たな活躍の場所を求めてアメリカに渡った異才の悲惨な最後には同情を禁じえない．しかしその名は材料科学・工学における重要な貢献をなした研究者として永遠に記憶されるであろう．

　なお，Snoek のオランダ語読みの発音はスヌークに近い．しかし，日本ではスネークという表記（発音）が定着しているので本書でもそれにしたがった．

【参考文献】
1) E.C.Woodruff：Phys. Rev., **16** (1903), 325.
2) J.L.Snoek：Physica, **6** (1939), 591；**8** (1941), 711；**9** (1942), 862.
3) 小岩昌宏：金属, **68** (1998), 961.
4) 沼倉 宏：日本物理学会誌, **55** (2000), 409.
5) 松尾博志：武井 武と独創の群像, 工業調査会 (2000).

2
ニュートンと金属

ニュートンの生涯

　ニュートンといえば「リンゴが落ちるのを見て，万有引力についての考えを思いついた」というエピソードで幼い子どもたちにも名前が知られている大科学者である．その業績と生涯については死後35年に刊行された『アイザック・ニュートン卿伝（W.Stukely：*Memoirs of Sir Isaac Newton's Life,* 1752）』をはじめ，数々の書物で詳しく紹介されてきた（文献1），2）の巻末に詳しいリストがある）．とくに光学・数学（微積分法）・力学（引力と運動に関する物理学）の各分野での記念碑的研究や，光の粒子性・波動性をめぐるフックとの論争[3]，ライプニッツとの微積分法の発見の先取権争いなどはよく知られている．しかし，ニュートンの実像は必ずしも正確に世間一般に伝えられていない感がある．それは以下のような事情によるものである．

1) 偉大な存在であっただけに，初期に出版された本は精神錯乱などの事実をあからさまに記述するのをためらった形跡があること．
2) 1936年7月，ロンドンで競売に付された箱に収められていた彼の手稿の研究から，死後200年余を経て初めて明らかになった事実が多いこと．
3) 1990年以降に刊行された一般向きの本の中には，初期の研究にのみ依拠して書かれたものもあり，その後の研究によって明らかにさ

ニュートン

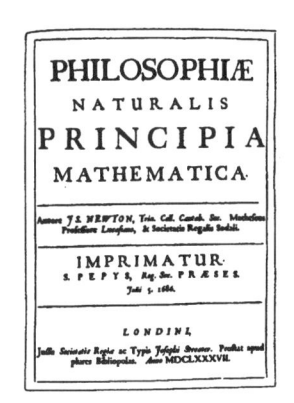

図2.1 トリニティ・カレッジ（ロッガン画 1690）[8]　図2.2『プリンキピア』第1部の扉

れた事実を正確に伝えていないこと．

本章ではこれらの点を踏まえつつ，造幣局での業績，化学・錬金術などニュートンと金属に関わる話を中心に述べる．最初にニュートンの略歴を記しておこう．

1643年　1月4日生まれ[注]
1661年　ケンブリッジ大学（Trinity College）入学
1668年　上級研究員（senior fellow）となる．最初の反射望遠鏡完成
1669年　ルーカス（Lucas）教授に就任
1672年　光と色の新理論　微分法の先取権確保
1681年　ガラスに水銀めっきした反射鏡試作
1683年　ケプラー（Kepler）の法則から，重力の逆2乗則の導出に成功
1687年　『プリンキピア』出版
1696年　造幣局監事（Warden of Mint）
1699年　造幣局長官（Master of Mint）1727年逝去まで終身職
1727年　3月20日逝去（84歳）

[注] ユリウス暦では1642年12月25日に対応する．イギリスでは1752年になって初めてグレゴリオ暦を採用した．どちらの暦を採用するかにより，10日の違いが生ずる．

ケンブリッジからロンドンへ

　ニュートンが弱冠26歳（1669）で就任した教授のポストは，トリニティ・カレッジのルーカス講座（ヘンリー・ルーカスの寄金で1663年に創設）である．初代のルーカス教授はアイザック・バローであり，ニュートンの数学的才能を評価してその地位を譲り，自らは王室司祭という高い地位に昇進して大学を去った．この教授席につくことは大きな名誉であり，量子力学を確立したディラックもかつてその位置にあり，現在は「車椅子の天才」といわれる宇宙論のホーキンスが占めている．

　科学史上最大の古典といわれる『自然哲学の数学的原理（*Philosophiae naturalis principia mathematica,* ラテン語で書かれている）』（通称『プリンキピア』）が完成したのは44歳（1687）の時である．科学上の主な仕事はこの頃でおわり，その後の40年ほどは仕事の整理をやりながら社会的な活動，神学上の研究などを行った．そのころイギリスではいろいろな政治的変動が起こった．国王とケンブリッジ大学との間で宗教に絡む係争が起こった際には，ニュートンは大学の全権委員の一人となった．名誉革命後の選挙ではウィッグ党から推されてケンブリッジ大学代表として議席を得たが，解散まで議政壇上からはなにも発言しなかった．無口で表面的には非行動的であったが，大学の権威を守るため人知れず努力したといわれている．

　『プリンキピア』が出版されてしまうと，ニュートンはケンブリッジ大学にも学究生活にも飽き始め，友人たちに他のポストがないかと相談した[4]．次の節で述べるように，1696年に造幣局から勧誘があったとき彼はためらうことなく受け入れ，35年間の学究生活を送ったケンブリッジからロンドンへただちに転出した．しかし，ケンブリッジの教授職を辞したのは1701年になってからであった．

造幣局とニュートン [5]〜[7]

変造貨幣に悩まされたイギリス

　17世紀末のイギリスには重さの足りない貨幣や贋造貨幣が氾濫していた．当時の硬貨は，何世代も前からの「大きな銀板からはさみで切り取る」という粗雑な方法で作られていたため，正確な円形ではなく重量は規定の標準値からず

れているのが普通であった．貨幣の偽造や削り取りには重罰（絞首刑）が科せられたが，それでも不正行為はやめさせられなかった．1688年ころ大蔵省が改鋳した総額500万ポンド近くの銀貨が法定重量の54％以下の重さで，受け入れた銀貨の20％近くが偽造であったという．

1694年，大蔵大臣に就任したモンタギュー（C.Montague）は新たな硬貨を大量生産してそれまで流通していたものと一挙に入れ替えることを決意した．正確な太さの金属棒から決まった厚みの円板を切り出し，プレスで彫像を刻印する．最も重要なのは縁取りであって小さい硬貨にはギザギザをつけ，大きいものには銘「装飾と保護（Decus et Tutamen）」をつけ，削り取りを不可能とした．改鋳に関する法律は1696年1月21日に議会を通過し，その翌日から直ちに改鋳作業が始まった．その法律によれば，昔から流通してきた手作りの硬貨の有効期限は1696年6月とされ，それを実現するためには大車輪で新しい硬貨を製造する必要があった．

図 2.3 造幣局における各種の機械
上は硬貨用のプレス，下は縁取り機 [6]

造幣局監事から長官へ

モンタギューはこの改鋳作業の開始時期に，ニュートンを造幣局監事（Warden of Mint）に任命した．それまでの「造幣局監事」はほとんど責任がない閑職でありながら実入りの良い仕事であった．モンタギューの就任要請の手紙には「ちょっと顔を出していただくだけで，お手間をとらせない仕事です」とあるそうで，ケンブリッジでの同窓の先輩にあたり，かねて面識のあった

ニュートンに恩恵を施すくらいのつもりで声をかけたといわれる.

しかしモンタギューがどの程度認識していたかはともかく,ニュートンは造幣局での業務が必要とする「冶金学と化学の豊富な知識」と「行政手腕」を兼ね備えた適材であった.ニュートンは要請を受けて直ちに(1696年3月25日)着任し,全力で造幣局の作業能力を急上昇させた.大蔵省の裏手,ロンドン塔の構内には古い貨幣を溶解する10基の炉が置かれ9台の大きなプレスが休みなく騒音を発していた.ロンドン塔の司令官は朝5時の開門で十分だと考えたが大蔵省の指令で4時に開門され,300人近くの作業員と50頭の馬が深夜まで働きつづけたという.銀貨の週間生産高は以前の週1万5千ポンドから6万ポンドへのぼり,ついには12万ポンドに達した.この年の8月までには通貨の状況は目覚しく改良され,1699年までには貨幣改鋳の全計画が成功裡に達成された.モンタギューにとっては嬉しい誤算で,のちには「『プリンキピア』と『光学』の筆者の行政上の功績によってはじめて通貨改革が効果を収めることができた」とニュートンの業績をたたえた.

ニュートンは監事が造幣局の最高の地位であると思ってその地位を引き受けたがそうでないことをまもなく知り大蔵省に昇給を陳情した.1699年12月にそれまで造幣局長官(Master of Mint)を勤めていたトーマス・ニールが死去し,ニュートンは直ちにその後任となった.長官の収入は年俸500ポンドに加えて,その年の硬貨の発行高に比例する部分があり,在任中の平均収入は約1650ポンド,多い年には3500ポンドに達した.ケンブリッジのときの家計に比べると,ロンドンでのニュートンの収入はおよそ10倍に増えた…という記述も見られる.ニュートンがこのような豊かな収入をともなう長官の地位につくことができたのは,姪キャサリン・バートンに負うところが大きいといわれる.キャサリンはニュートンの異父妹の娘で,非常にチャーミングな女性であった.ロンドンの社交界の花形であり,生涯独身で通したニュートンのため20年にわたって主婦役を勤めた.彼女が「モンタギューと『親密な』関係にあったがための縁故出世」と世間をにぎわせた様である.

化学・金属学への興味 [1) 4) 6) 8)]

ニュートンはグラマースクールの学生時代に薬剤師の家に寄寓し,薬の調

合や化学実験を覚えたという．また彼の業績の一つとして高く評価されている反射望遠鏡の設計製作に際しては，反射鏡用の合金の組成も自ら実験して決めた．銅，錫の混合物に少量のヒ素，アンチモン，ビスマス，銀などを加えた3成分合金を数多く試作し，銅，錫，ヒ素の重量比が6：2：1の合金を推奨している．ヒ素の効果は「微細な孔を生じることなく，合金を白くする」という．凹面鏡を作るための合金の研磨法にも独自の考案をし，1704年刊行の著『光学』に詳しい記述があるとのことである．

その死後に作られた財産目録によれば1896冊の蔵書があり，そのうち約100冊は化学と錬金術に関するものである．学生時代に書き始めた約300頁の大きなノートは，ほとんど全部化学に関するもので，ボイルらの本からの抜粋，彼自身の実験の記録（種々の化合物から金属水銀を抽出する実験，アンチモン合金の処方）などが記されている．1666年から1696年の30年間はたゆまず合金について実験していた．初めは，反射望遠鏡の上等な鏡を作るという実際上の目的であったが，やがて錬金術，つまり金の創製をめざしたものと想像される．しかし，ニュートン自身は，その存命中に発表した著作の中では自分の錬金術研究のことは一言も洩らしていない．「造幣局長官が銅貨を金貨に転換できるなどという噂が起ったとしたら，はなはだ具合の悪い事態になったに相違ない」という趣旨のことが，ニュートン文庫の売り立て目録の序文（1936）に書かれているそうである．

ニュートンは彼の物理学上の根本思想や結論を化学現象の説明にも適用し，物質構造を微粒子とその間の引力や反発により理解しようとした．自らさまざまな定性的実験を時代に先駆けて行い，原子論的描像に迫ろうとしていたことは，ボイルなどの当時の科学者たちとの手紙や手稿から明らかである．その著書『光学』の巻末に付録として掲載された31個の「疑問」は，種々の未完成な考察や仮説の集録で，光学・重力のほか化学現象に関するものも含まれている．そのひとつにおいて彼はさまざまな普通の物質の間で引力がどのように作用するかについて論じている．

> 水が油と混ざらないのは，それらが「引き合う性質」に欠けているからである．しかし，水銀と銅が難しいけれども混ざるのは，それらが「弱い引き合う性質」を分かち持っているからである．一方，水銀と錫はすぐに混ざり合うが，これ

らは両者が互いに「強い引き合う性質」を持っているからである．

こうしたニュートンの示唆は当時の化学者たちに影響を与え，「化学親和力の法則は，天体が互いに引力を及ぼしあうときの一般法則とまったく同じである」と大胆にも推論し実験で確かめようとする試みも行われた．やがて親和性は温度や凝集力などのいろいろな要素に影響される複雑な現象で，距離の簡単な関数としては表現できないことが明らかになってきた．なにぶんにもニュートンが生きた17世紀はアリストテレスの四要素観（土，火，水，空気）の影響下にあったのである．19世紀初頭にドルトンにより化学の原子論の体系が確立されたが，これはニュートンの「物質構造を微粒子とその間の引力や反発により理解する」発想を発展させたものといわれる．したがって，ニュートンは物理学のみならず近代化学の発展に重要な影響を及ぼしたというべきであろう．

ニュートンの秘密の箱の中味 [9)～12)]

1946年7月，ケンブリッジ大学トリニティ・カレッジでニュートン生誕300年祭が行われた（ニュートンは1642年のクリスマスの晩に生まれているので生誕300年祭は1942年であるが戦争のため記念行事は延期されていた）．このとき，著名な経済学者ジョン・メイナード・ケインズが衝撃的な論文を発表した[注]（実際には生誕祭の直前に本人が亡くなったため，弟のジェフリー・ケインズが代読した）．ケインズは，1936年7月ロンドンで開かれた「サザビーズ」の競売でポーツマス伯爵家（ニュートンの姪，キャサリンの娘の嫁ぎ先）に代々伝えられてきた箱（ケンブリッジからロンドンへの転居の際に，ニュートン自身が丁寧に詰め込んだといわれる）に収められていた手稿の半分を落札した．それは65万語にも及ぶ錬金術のノートで，以前から囁かれてはいた「ニュートンと錬金術のかかわり」を実証するものであった．ケインズはこう語っている[11)]．

[注] なお，ケインズの原論文は下記の書にある．
Lord Keynes: "Newton, the man", in *Royal Society Newton Tercentenary Celebrations 15-19 July 1946"*, 27, 1947. Cambridge University Press. この邦訳はケインズ全集第10巻（大野忠男訳：『人物評伝』，東洋経済新報社 (1980)，「第35章 人間ニュートン」）に収められている．

2. ニュートンと金属

18世紀以来，ニュートンは当世随一の偉大な科学者・合理主義者であると評価されてきた．だが私自身はこういう見方はしない．ニュートンが最後にケンブリッジを去るときに荷造りしたあの箱の中身をよく調べた者なら，誰しもそうだろう．彼は決して理性の時代のトップバッターであったわけではない．ニュートンこそ，最後の魔術師であり，最後のバビロニア人だったのだ．

「ニュートンは魔術師であった」というケインズの指摘は世の人々に衝撃を与え，多くの論議を呼んだ．その詳細は文献[4] [10] に詳しい．しかし，私にはヴァヴィロフ[1]

図2.4 英国で発行された『プリンキピア』の出版（初版1687）三百年の記念切手

の次のような指摘がもっとも適切であると思われる．

> もし，錬金術師とは「化学的過程に呪術の呪文を適用して相手をだまし，もしくは自ら欺かれて，古い書物や手稿や伝説の伝承にのみ頼り，自然科学者の批判的な思考力や鋭い科学的感覚を欠いた人物」のことだとすれば，もちろんニュートンが錬金術師であったとは言えない．他方において錬金術の基本概念は，物質の変化は多様であり，金属や元素一般の転換が可能であるという思想であった．もし錬金術とはこのような徴標をもったものとみるならば，ニュートンは錬金術に携わっていたということができよう．17世紀には，一般の人々にとって，錬金術はいかなる意味においても妖術や呪術の範疇に属し，つねに占星術と並べて考えられてきた．だから，ニュートンが自分の錬金術の研究を周囲の人々に秘密にしたことは不思議ではない．

なお，今日では原子核反応により「金属や元素の転換が可能である」ことはよく知られている．原子炉内での熱中性子照射により金は水銀に変化する．

残念ながら逆の変化を起こすことはできないが.

狂気の性質と原因

1692年初のある朝，ニュートンは教会に出かける際に蝋燭の火を消し忘れ，それが原因で火事になり，机の上の貴重な書物・多くの草稿・未完成の著述を焼失した．彼はこの事件で大きな衝撃を受け，1ヵ月ほどたってようやく正気に戻ったという．当時の学生の手記やニュートン自身が友人に送った手紙などから，2年余りの間重い精神障害に陥り，迫害妄想に悩まされたらしいことがわかるという[1]．18世紀に書かれた伝記には，この精神障害にまったく触れていなかったので，数百年にわたってニュートンに精神病の可能性があったことは伏せられてきた．

神経病理学者のクローアンズは，精神障害の原因を化学実験による水銀中毒に求めている[13]．すでに述べたように，ニュートンは錬金術と化学に興味を示しており，ケンブリッジにいた間に数百の化学実験を行った．その際，アンチモン，水銀，鉄，錫，鉛，ビスマス，ヒ素，銅などの金属，硫黄，硫酸，硝酸などが用いられ，特に水銀を使用することが多かった．多くの実験で，しばしば蓋のない容器で金属，鉱石，塩などを熱して蒸気にし，ガスを吸い，でき上がったものの味を見た．実験には何日間も継続して行われるものもあったが，その期間中ニュートンは実験に使う暖炉のそばで眠るのを常としたそうで，有害な金属蒸気を大量に吸い込んだ可能性が高い．スパーゴとパウンズ[14]は，ニュートンの遺髪を入手し，過量の水銀の蓄積があることを確認し，「彼の狂気・知性の錯乱は化学実験により水銀中毒になったためである」とするのが合理的であると結論した．

先に述べたように「学究生活にも飽き始め，友人たちに他のポストがないかと相談」し，造幣局へ移ったのも，その後遺症が原因の一つだったのかも知れない．1696年にロンドンに移ってからは，不眠，記憶障害，被害妄想，手の震えなどの症状に悩むことはなかったが，以前の能力，才気，聡明さはなくなったとのことである．

以前，拡散研究の歴史を調べている過程で，造幣局にかかわりのある研究者の貢献が大きいことを知った（日本金属学会会報，『まてりあ』，「拡散研究のあゆみ」**37**（1998）347参照）．すなわち，気体の拡散・固体による気体の

吸収などの研究で知られた化学者グレアム（T.Graham），およびその弟子で固体および液体中の拡散係数をはじめて定量的に測定したロバーツ-オーステン（W.C.Roberts-Austen）は，ともに造幣局に勤務（あるいは兼職）したのである．そしてニュートンは造幣局に勤務した最初の科学者であり，その職務に専念し大きな成果をあげたことを知った．

　ニュートンに関する書籍や記事は数多く，付け加えるべき知見を新たに見出したわけではない．しかし「金属」との関わりという切り口で整理した小文が，金属に関心ある読者になんらかの参考となれば幸いである．

【参考文献】
1) ヴァヴィロフ著，三田博雄 訳：アイザク・ニュートン，東京図書 (1958).
2) 萩原明男：ニュートン，[人類の知的遺産 第37巻]，講談社 (1982).
3) 中島秀人：ロバート・フック ニュートンに消された男，朝日新聞社 (1996).
4) J. フォーベル他編，平野葉一他訳：ニュートン復活，現代数学社 (1996).
5) J.Craig：*The Mint - A History of the London Mint from A.D.287 to 1948*, Cambridge University Press (1953).
6) R.S. ウェストフォール著，田中一郎他訳：アイザク・ニュートン，平凡社 (1993).
7) スーチン著，渡辺正雄監訳，田村保子訳：ニュートンの生涯，東京図書 (1977).
8) 島尾永康：ニュートン，[岩波新書]，岩波書店 (1979).
9) 小山慶太：ニュートンの秘密の箱－ドラマティック・サイエンスへの誘い－，丸善 (1988).
10) P. ブュイリエ著，高橋純訳：ニュートンと魔術師たち，工作舎 (1990).
11) I. アシモフ著，木村繁訳：アシモフの科学者伝，小学館 (1995).
12) 小山慶太：科学タイムトラベル，丸善 (1993).
13) H. L. クローアンズ著，加我牧子他訳：ニュートンはなぜ人間嫌いになったのか？，白揚社 (1993).
14) P.E.Spargo and C.A.Pounds：*Newton's Derangement of the intellect - A New Light on an Old Problem*, Notes Records of the Royal Society of London, **34** (1979), 11.

3
元素と周期表よもやま話

　元素周期表は高校の化学で出会って以来，いろいろな金属・合金・金属化合物と関わり合って来た研究生活の中で手放せないものであった．部屋の壁にアグネ元素周期表（1962年8月20日初版）をはって，日々眺め親しんだものである．その新版が2001年5月30日発行された[1]．

　100あまりの元素の中には，自分自身で実験に用いた材料や，教科書などでよく見かける親しみ深い名前の元素もすくなくないけれど，あまりなじみのないものもかなりある．ふと思い立って元素の発見の歴史・エピソードを記した本の何冊かに目を通したので，興味深く思ったことのいくつかを紹介したい．

元素の発見の歴史[2]

　現在の周期表に載っている元素110余種のうち，以下の9種は古代から知られていたものである．これらは単体として天然に産するかあるいは簡単に分離して単体になるもの

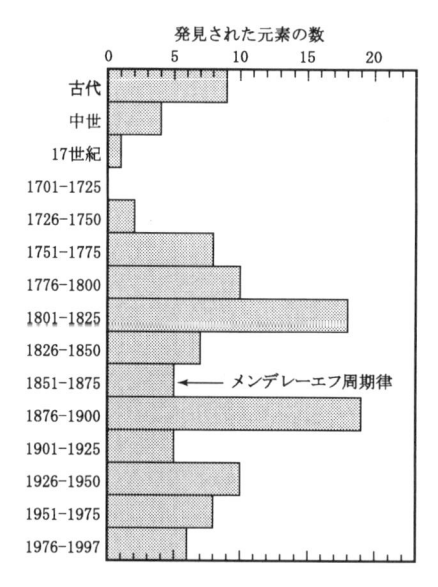

図3.1 元素発見数の歴史的経過

である．
   C, Fe, Cu, Ag, Sn, S, Au, Hg, Pb
錬金術が盛んであった中世には，低融点の金属（半金属）元素 4 種が発見された．
   Zn, As, Sb, Bi
化学がようやく形を整え始めた 18 世紀には，
   H, N, O
などが加わり，18 世紀末には約 30 種を超える元素が知られていた．図 3.1 はこれら元素の発見の歴史的経過を，四半世紀ごとの発見元素数で示したものである．19 世紀には電気化学的方法が導入され数個のアルカリ金属，アルカリ土類金属が見出され，19 世紀最後の四半世紀には分光化学，放射分析，希土類化学の進歩により 19 の元素が発見された．この世紀中に天然に存在する元素の大部分が出揃った．

周期表のいろいろ

ロシアの化学者メンデレーエフ（D.I.Mendeleev; 1834-1907）は周期表（図 3.2）を 1869 年（改定版 1871）に発表し，未発見の空席元素の性質，原子量と密度を推定した[3]．そのうちの三つの元素，Ga（メンデレーエフは「周期表でアルミニウムの直下の元素」の意味で，エカアルミニウムと命名した．「エカ」はサンスクリット語で 1 の意），Sc（エカホウ素），Ge（エカケイ素）がそれぞれ 1875, 1879, 1886 年に発見された．

周期表は通常 2 次元の表として描かれる．しかし，もともとは「細長い紙の上に，元素を原子番号順に線上に並べて書き，これをクルクルとらせん状に巻いてみると，似た性質の元素が

			Ti=50	Zr=90	?=180	
			V=51	Nb=94	Ta=182	
			Cr=52	Mo=96	W=186	
			Mn=55	Rh=104,4	Pt=197,4	
			Fe=56	Ru=104,4	Ir=198	
			Ni=Co=59	Pd=106,6	Os=199	
H=1			Cu=63,4	Ag=108	Hg=200	
	Be=9,4	Mg=24	Zn=65,2	Cd=112		
	B=11	Al=27,4	?=68	Ur=116	Au=197?	
	C=12	Si=28	?=70	Sn=118		
	N=14	P=31	As=75	Sb=122	Bi=210?	
	O=16	S=32	Se=79,4	Te=128?		
	F=19	Cl=35,5	Br=80	J=127		
Li=7	Na=23	K=39	Rb=85,4	Cs=133	Tl=204	
		Ca=40	Sr=87,6	Ba=137	Pb=207	
		?=45	Ce=92			
		?Er=56	La=94			
		?Yt=60	Di=95			
		?In=75,6	Th=118?			

図 3.2 メンデレーエフの最初の周期表

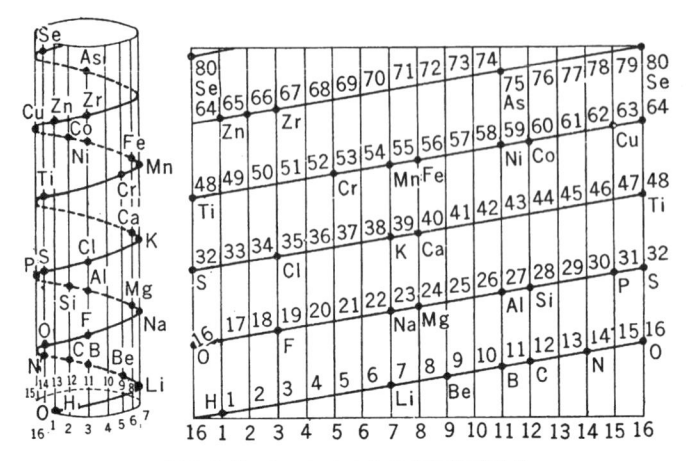

図 3.3 ド・シャンクルトアの周期円筒[9]

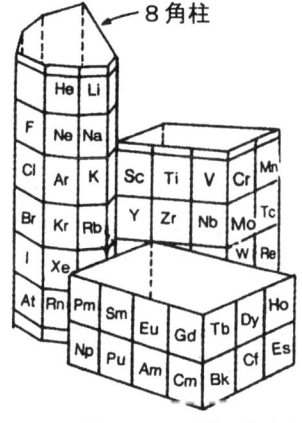

図 3.4 三つの箱からなる立体周期表[4]

『家族』のようにまとまって見えてくる」のであるから，3次元的表現の方が本質をよくあらわすともいえる．事実，メンデレーエフに先立って，フランスの地質学者ベギエ・ド・シャンクルトアは1862年，原子量の順に円筒グラフ上に並べると縦に性質の似た元素が並ぶことを示した（図3.3）．また，板倉聖宣[4]は三つの箱からなる立体周期表（図3.4）を提案し，「筆記具・文房具入れ」として机上に置くことを薦めている．

　原子の化学的性質は原子核の周りの殻がどのように電子によって埋められているかによって決まる．殻は原子核に近い場所から順にK, L, M, N, … 殻と名づけられ，内側ほどエネルギーが低い．K殻にはs軌道，L殻にはs, p軌道，M殻にはs, p, d軌道，N殻にはs, p, d, f軌道がある．これらは，1s, 2s, 2p, 3s, 3p, 3d, … 軌道と呼ばれている．図3.5にこれらの軌道の形を示した．周期表における元素の配列順序は原子番号順であり，原子番号がひとつ増える毎に

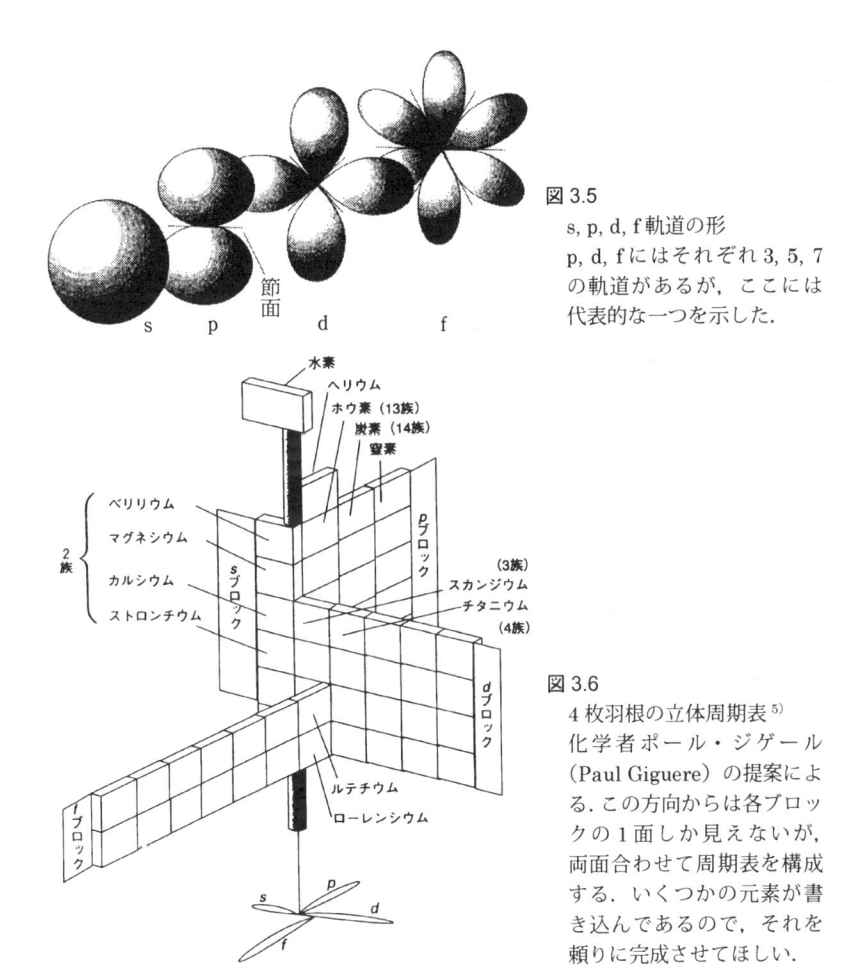

図 3.5
s, p, d, f軌道の形
p, d, fにはそれぞれ3, 5, 7の軌道があるが，ここには代表的な一つを示した．

図 3.6
4枚羽根の立体周期表[5]
化学者ポール・ジゲール（Paul Giguere）の提案による．この方向からは各ブロックの1面しか見えないが，両面合わせて周期表を構成する．いくつかの元素が書き込んであるので，それを頼りに完成させてほしい．

電子も1個増える．このとき，電子がどの軌道を占めるかという情報も目に見える形で示すことができると面白い．アトキンス著の『元素の王国』[5]にそうしたもの（図3.6）があった．この4枚羽根の図は化学者ポール・ジゲールの提案による．なお，s, p, d, f軌道の名称は分光学の伝統的用語から来たもので，スペクトル線の特徴を表現するものである．

　　s：sharp（鋭い），p：principal（主要な），d：diffuse（ぼやけた），
　f：fundamental（基本の）

元素の名前の由来 [2)][4)][6)][7)]

元素の名前には国名・地名をとったものが数多くある．そのいくつかを紹介しよう．ポロニウム（$_{84}$Po）はキュリー夫人（Marie Curie；1867–1934）が自分の祖国ポーランド（Poland）にちなんでつけたもの，その弟子で女性化学者のマルゲリー・ペレーも自分の発見した原子に祖国フランスの名をとってフランシウム（$_{87}$Fr）と名づけた．その他ヨーロッパ関係の国名・地名等にちなんだ元素名のいくつかを表3.1に示す．

この他，$_{69}$Tm（ツリウム）は極北の地をさして呼んだ地名ツーレ（Thule）から，$_{70}$Yb（イッテルビウム），$_{39}$Y（イットリウム），$_{65}$Tb（テルビウム），$_{68}$Er（エルビウム）の4つはスウェーデンの採石場イッテルビー（Ytterby）の名からとったものである．また，$_{12}$Mgはギリシャのマグネシア地方からマグネシウム鉱石である滑石が産出することから，イギリスの化学者デーヴィが命名したものである．

以上はヨーロッパに関するものであるが$_{95}$Am（アメリシウム），$_{98}$Cf（カリフォルニウム），$_{97}$Bk（バークリウム）はカリフォルニア大学で初めて人工的に作られたので，アメリカの国名・地名に関する名前がつけられた．

表3.1 元素名に国名・地名をとったものの一例

元素記号	元素名	由来
$_{63}$Eu	ユーロビウム	ヨーロッパ
$_{32}$Ge	ゲルマニウム	ドイツの昔の地名　ゲルマン
$_{31}$Ga	ガリウム	フランスの昔の地名　ガリア
$_{44}$Ru	ルテニウム	ロシアの昔の地名　ルテニア
$_{21}$Sc	スカンジウム	スカンジナビア（スウェーデンとノルウェー）
$_{71}$Lu	ルテチウム	パリの古名　ルテニア
$_{72}$Hf	ハフニウム	コペンハーゲンの古名　ハフニア
$_{67}$Ho	ホルミニウム	ストックホルムの古名　ホルミア
$_{38}$Sr	ストロンチウム	イギリスの鉱山町　ストロンチャン
$_{75}$Re	レニウム	ラインの古名　レーヌス

ランタノイド，アクチノイド元素はなぜ15種ずつか？ [6)][8)]

$_{57}$La（ランタン）から$_{71}$Lu（ルテチウム）までの15元素を希土類元素[注]，

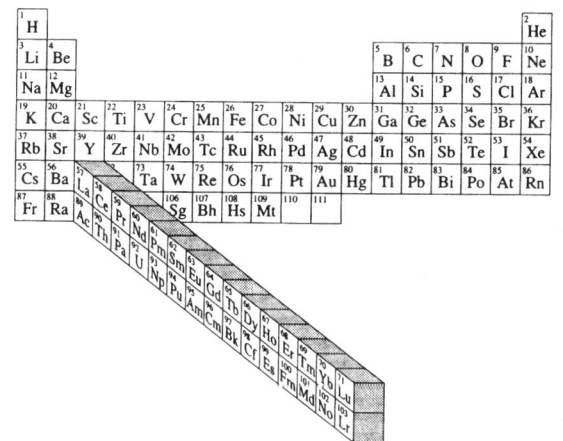

図 3.7 立体周期表 [6]

またはランタノイド（ランタン系）という．ランタノイドは「ランタンのようなもの」という意味で，これらの元素はランタンと非常に良く似た性質を持っていることに由来している．メンデレーエフの周期表では一つの枠にはただ一つの元素が入るが，ランタンの枠にはあと14個のランタノイド元素が占める．このままでは見にくいので，周期表の下欄に並べることになった．図3.7の形式で表しているものもある [6]．

メンデレーエフによる周期律研究は，1871年末で打ち切られその後は気体の弾性など他の分野の研究をはじめたようである．メンデレーエフ年譜 [3] によれば，彼の実験ノートの1871年9月～12月の分には，希土類元素の塩の性質，酸化物の分離実験に関する記述が見られる．おそらく「希土類元素がいくつあるのか」，「なぜ1個の枠に多数の元素が入るのか」と頭を悩ませたことであろう．

ランタノイドは通常+3価のイオンとなる．化学結合の特徴を示す外側の軌道5sに2個，5pには6個の電子が入るという点ではまったく同じであるため，同様な化学的性質を示す．これが希土類元素の研究に混乱をもたらし，周期表の位置を確定するために100年余を要した理由である．5s, 5pの内側にランタノイドを特徴付ける4f軌道がある．その7個の軌道にはそれぞれ2個の電子，

[注] 希土類元素：広義には $_{21}$Sc（スカンジウム）と $_{30}$Y（イットリウム）を含む17元素

合計 14 個が収容できる．ランタンでは 0 個，セリウムで 1 個と順に軌道が埋められルテチウムで満席となる．なお，ランタンという名前はギリシャ語の lanthanein（隠れる）に由来するもので，「単離したつもりの新元素」の中にまだ隠れている別元素があったという苦難の研究史を偲ばせる．

ランタン系の下に位置するアクチニウム系（アクチノイド）は，やはり f 軌道に電子をもつ元素である．ランタノイドでの 4f を 5f と置き換えれば事情はまったくおなじである．アクチニウム（$_{89}$Ac）はキュリー夫妻と親しくしていた化学者ドビエルヌにより，ピッチブレンド（閃ウラン鉱）中より 1899 年に発見された．この元素は放射能を持つことからギリシャ語の aktis, aktimos（光線）より，Actinium の名が与えられた．

人名のついた元素 [2) 3) 6)]

キュリウム（発見年代 1944），アインスタイニウム（1952），フェルミウム

$_{96}$Cm キュリウム Curium	$_{99}$Es アインスタイニウム Einsteinium	$_{100}$Fm フェルミウム Fermium	$_{101}$Md メンデレビウム Mendelevium	$_{102}$No ノベリウム Bobelium
マリー・キューリー	アインシュタイン	フェルミ	メンデレーエフ	ノーベル
$_{103}$Lr ローレンシウム Lawrencium	$_{104}$Rf ラザフォルジウム Rutherfordium	$_{106}$Sg シーボーギウム Seaborgium	$_{107}$Bh ボーリウム Bohrium	$_{109}$Mt マイトネリウム Meitnerium
ローレンス	ラザフォード	シーボーグ	ニールス・ボーア	リーゼ・マイトナー

図 3.8 元素名に名を残す科学者たち

(1953) など科学史上著名な人の名を冠した元素が10個ある．図3.8に写真とともに示した．また，サマリウム（$_{62}$Sm）はサマルスキー鉱石から発見されたのでこの名が与えられた．「サマルスキー」はこの鉱石を発見したロシアの鉱山技術者の名前である．同様にガドリニウム（$_{64}$Gd）はフィンランドの化学者であり，希土類金属研究の先駆者ガドリン（J.Gadolin；1760-1852）の名を冠したガドリン石（希土類金属を多量に含む）から抽出されたので，この名称を与えられた．

ガドリン

元素発見研究者とその所属国のランキング[2]

周期表を埋める元素の発見には多くの研究者が関わり多数の論文が発表されたが，結果的には誤った（間違った）発見として test of time に耐えることができず消え去っていったものも少なくない．現在の周期表にある元素の発見に寄与した研究者はおよそ100名のオーダーである．

その中の記録保持者の筆頭はスウェーデンの化学者シェーレ（K.W.Scheele；1742-86）で6個の元素 F, Cl, Mn, Mo, Ba, W を発見し，加えてプリーストリーとともに酸素を発見した．

次いで銀メダルは不活性ガスの研究で知られた英国の化学者ラムゼーで，5個の元素 Ar, He, Kr, Ne, Xe を発見した（いずれも共同研究者との連名で発表されている）．

4個の元素を発見したのは以下の3人である．

  ベルセリウス（J.J.Berzelius；1779-1848, スウェーデン）Ce, Se, Si, Th
  デーヴィ（H.Davy；1778-1829, イギリス）   K, Ca, Na, Mg
  ボアボードラン（P.E.L.de Boisbaudran；1838-1912, フランス）
                  Ga, Sm, Gd, Dy

発見研究者の国別ランキングは以下のとおりである（元素名は発見年代順）．
  第1位, 23個, スウェーデン：Co, Ni, O, F, Cl, Mn, Ba, Mo, W, Y, Ta, Ce,
        Li, Se, Si, Th, V, La, Tb, Er, Sc, Ho, Tm

第2位，20個，イギリス：H, N, O, Sr, Nb, Pd, Rh, Os, Ir, Na, K, Mg, Ca, Tl, A, He, Ne, Kr, Xe, Rn
第3位，15個，フランス：Cr, Be, B, I, Br, Ga, Sm, Gd, Dy, Ra, Po, Ac, Eu, Lu, Fr
第4位，10個，ドイツ：Zr, U, Ti, Cd, Cs, Rb, In, Ge, Pa, Re
第5位， 3個，オーストリア：Te, Pr, Nd,
第6位， 2個，デンマーク：Al, Hf
第7位， 1個，ロシア：Ru

酸素ガスの分離はスウェーデンの化学者シェーレ（1771），イギリスの化学者プリーストリー（1774）により独立に行われた．上のランキングでは両国に酸素発見の栄誉をあたえてある．

第1位のスウェーデンのリストには，多くの希元素，希土類元素が含まれている．18世紀にはこの国で冶金学が発達し，鉄鉱石の新しい鉱床を求めて種々の鉱石の分析が行われ，しばしば未知の元素を含むものが見出された．スウェーデンの化学者は鉱物・鉱石の分析技術の経験が豊富で多くの新元素が発見された．

第2位のイギリスは気体化学の研究の伝統があり，大気の主要成分の水素，酸素，窒素の発見から100年以上後にさまざまな不活性気体が発見された．電気化学の発展によるNa, K, Mg, Caの発見，白金鉱研究の過程におけるPd, Rh, Os, Irの白金族元素の発見が注目される．

第3位のフランスは放射能研究の先駆者による貢献，分光分析技術を駆使しスペクトル分析による発見（Ga, Sm, Gd, Dy）が目を引く．

2001年発行の『新版アグネ元素周期表』[1]には118番元素, Uuo(Ununoctium, ウンウンオクチウム）まで載っている．超ウラン元素（天然にある元素のうちで最も重い元素であるウランよりも原子番号が大きい化学的元素）は，粒子線加速器などを用いて人工的に作り出されるもので，原子番号の増加とともに半減期が短くなり，元素の性質を調べるのが困難になる．たとえば，103番元素のLr（ローレンシウム）の最長寿命核種（Lr^{260}）は3分, 104番元素Rf（ラザフォルジウム）は65秒以下である．超ウラン元素がどこまで続くのかは興味ある問題ではある[9]が，短寿命でごく微量しか得られない元素は，「材料，材料科学」

の対象としての重要性は少ないであろう．なお，融点，沸点，密度，結晶構造がわかっているのは 95 番元素の Am（アメリシウム）まで，99 番元素の Es（アインスタイニウム）は融点がおよそ 860℃ であることが知られている [6]．

【参考文献】
1) 井上 敏, 近角聰信, 長崎誠三, 田沼静一編：新版アグネ元素周期表, アグネ技術センター (2001).
2) D.N. トリフォノフ, V.D. トリフォノフ著, 阪上正信, 日吉芳朗訳：化学元素発見のみち, 内田老鶴圃 (1994).
3) 梶 雅範：メンデレーエフの周期律発見, 北海道大学図書刊行会 (1997).
4) 板倉聖宣：原了とつきあう本, 仮説社 (1985).
5) P. アトキンス著, 細矢治夫訳：元素の王国, 草思社 (1996).
6) 桜井 弘編：元素 111 の新知識, 講談社 (1997).
7) 高木仁三郎：元素の小事典, 岩波書店 (1982).
8) 井口洋夫：元素と周期律（改訂版）, 裳華房 (1978).
9) 吉沢康和：元素とはなにか, ［ブルーバックス］, 講談社 (1975).

4

元素発見秘話
―ニッポニウムとポロニウム―

　元素に関する話のつづきとして，この章ではニッポニウムとポロニウムに関することを述べよう．前章で述べたように，ロシアの化学者トリフォノフの書『化学元素発見のみち』[1]によれば，発見研究者が特定できる元素の国別ランキングは以下のとおりである．

　　スェーデン（23個），イギリス（20個），フランス（15個），ドイツ（10個），
　　オーストリア（3個），デンマーク（2個），ロシア（1個）

　この元素発見国別ランキングには残念ながら日本の名はない．19世紀末の四半世紀は元素発見の最盛期であり，この時期までに天然に存在する大方の元素は出揃っていた．このころの日本の科学の歩みに関連する事項のいくつかを拾ってみよう[2]．

1853年　開国
1870年　工部省設置．このころから官公立研究機関が設置され始める
1872年　学制公布．外人教師来日
1873年　日本最初のアカデミー，明六社結成．後（1879）に東京学士会院に発展
1886年　帝国大学令公布．外人教師がほとんど日本人教授に代わる
　　　　長岡半太郎の磁気ひずみ（1888）・原子模型（1903），北里柴三郎の血清療法（1890）など創造的業績が出始める
1906年　東京学士会院を改組して帝国学士院と改称
1917年　理化学研究所設立

このように見てみると日本が近代科学の出発点に立った時期には，元素発見の最盛期は過ぎ困難な問題のみが残されていた．したがって日本人研究者による新元素発見がなかったのも無理からぬことではある．しかし歴史の一時期には，ニッポニウムという名前の元素が周期表にその位置を占めたことがある．その元になった研究報告は間違ったものとして忘れさられる運命にあるかに思われたが，最近その研究が見直され「新元素発見」の栄誉に今一歩であったとの指摘がなされ，国際的にもその事実が認識されている．以下にその概要を述べる．

ニッポニウム

新元素ニッポニウムの発見 [3]〜[7]

ラムゼー（W.Ramsay；1852-1916）は不活性ガス（A, He, Kr, Ne, Xe）の発見と周期表におけるその位置の決定の功績によりノーベル化学賞（1904）を受けた化学者である．そのラムゼーの研究室（ロンドン大学）へ留学した日本人研究者がいた．松山中学，東大に学び静岡中学の教師を経て東大の無給助手から第一高等学校教授となった小川正孝（1865-1930）である．ラムゼーはセイロン島で発見された方トリウム鉱（トリアナイト）の中に未知の元素がありそうだと見当をつけ，小川にその分析を担当させた．2年間の留学中ひたすら実験に没頭した彼は「新元素」を発見した．ラムゼーは小川の仕事を高く評価し，論文発表を強く勧めたが，慎重な小川はさらに実験する必要があるとして，未発表のまま自費で購入したトリアナイト4.5kgを携え，1906年に帰国した．まもなく第一高等学校から東京高等師範学校に移って研究を続け，1908年，英国のクミルカニュースに2編の論文を発表した（東京帝国大学紀要にも同一内容の論文が発表された）．ラムゼーの示唆にしたがってニッポニウムと命名された新元素は「原子量が約100の43番元素」とされた．1909年のローリングの周期表 [8] にはニッポニウムがNpという元素記号で載っている．

ラムゼー
M.W.Trarcro:"A Life of Sir William Ramsay" (1956) より

小川正孝

図4.1 小川正孝の論文
（東京帝国大学紀要, 25, 論文番号 15 (1908)）

> JOURNAL OF THE COLLEGE OF SCIENCE, IMPERIAL UNIVERSITY, TÔKYÔ, JAPAN.
> VOL. XXV., ARTICLE 15.
>
> **Preliminary Note on a New Element in Thorianite.**
>
> By
>
> **Masataka Ogawa**, *Rigakushi*.
>
> While working on thorianite in University College, London, under Sir WILLIAM RAMSAY's direction a few years ago, an element believed to be new was met with in the iron group in the usual course of analysis, but, owing to the small quantity, its nature could not be fully established. The subject has been resumed since my return to Japan, and it has fortunately been found that the same element also occurs in other minerals, such as reinite and molybdenite, both found in this country. This somewhat incomplete paper is now published as a preliminary notice of the work, which is still going on.
>
> **Treatment of Thorianite.**
>
> *Preparation of the oxide.* Finely powdered thorianite was treated with boiling concentrated nitric acid and the solution decanted off, this process being repeated until the fresh nitric acid was no longer coloured yellow. The residue, amounting to about 3 per cent and now nearly free from the chief constituents

ニッポニウムの発見はあやまりだった？

1911年に東北帝国大学の化学の教授として赴任した小川は実験を継続したが，新元素の存在を明確に示す実験結果が得られぬまま時間が推移した．1925年にドイツのノダックらが43番元素マスリウムと75番元素レニウムの発見を報じたが，小川の報告には言及がなく無視されてしまった（彼らが発見したとした43番元素マスリウムもやはり間違いであったことが後日明らかとなった）．

小川正孝は理科大学長（理学部長），東北大学総長を務め（1919-28），その在任中に金属材料研究所，工学部の創設など東北大学の基礎を築くため大きな貢献をした．総長の任期中も，また1928年に定年退職した後にも時間を見つけては研究室で実験を続けた．しかし43番元素に関する最終決着を見届けることなく，1930年7月，実験室で倒れ，5日後の7月11日にこの世を去った．

4. 元素発見秘話 31

> **碑文**
>
> 明治之末文運隆昌増設大學之議起
> 古河虎之助君獻百有餘萬金以助其
> 費當此時東北之地未有大學之設宮
> 城縣方捐十五萬金北海道又寄十萬
> 金以請資其開設願議逐次明治四十
> 年改修礼幌農學校為農科大學越四
> 年開理科大學於仙臺綜合之稱東北
> 帝國大學嚶文學博士澤柳政太郎君
> 任總長其後北條時敬君福原鎌二郎
> 君相承爲總長大正七年分立農科大
> 學之名專屬本學理學博士小川正
> 孝先生以明治四十四年爲理科大學
> 長大正八年任總長凡十有七年所貢
> 獻甚多惠昭和五年七月十一日以丞
> 譽教授薨茲有志胥謀畫本學創剏之
> 地域造記念園鎸銅紀功以圖不朽

図 4.2 東北大学 小川記念園の碑文

結局，ニッポニウムが一時期その位置を占めた 43 番元素は，1937 年アメリカのセグレとペリエがサイクロトロンの中で重水素核とモリブデン（原子番号 42）の衝突実験を行ったときに発見され，1947 年にテクネチウム Tc と名づけられた（ギリシャ語の「人工の」という意味の technikos から）．こうした小川正孝の生涯をはじめて一般向きにくわしく紹介したのは板倉聖宣[3]である．

東北大学片平キャンパスの一隅には小川記念園が造られ（1932），東北大学の起原と小川正孝総長の業績をたたえた碑文が掲げられている（図 4.2）．そこには彼の学問的業績に関する記述はない．新元素発見にかけたその苦闘の研究の生涯は忘れ去られていくかに思われた．

ニッポニウムはレニウムだった !!

比較的最近になって小川正孝の研究の再検討・再評価が行われた．東北大学理学部でテクネチウムの化学を長年研究した吉原賢二は，小川が情熱を注ぎラムゼーも強力に支持した研究には無視し得ないものがあるはずとの思いから，小川の仕事を徹底的に再検討した．その結果，当時は未知であったレニウム（テクネチウムと同族元素）と取り違えた可能性が高いと以下のように述べている[4]〜[7]．

1) 小川はニッポニウム酸化物を塩素化し，2 価のニッポニウム塩化物を得たと考え，原子量として約 100 の値を得たため，43 番元素と考えた．もし，ニッポニウムがレニウムであれば，塩素化によって得られるのは塩化物ではなく，オキソ塩化物，すなわち酸素を含んだ 6 価の塩素化合物である．この

場合には原子量は 185.2 と計算され，現在レニウムの原子量とされている値，186.2 とよく一致する．
2) 小川は，新元素のスペクトル線が 4882 オングストロームに現れ，既知の金属元素には対応するものはないとしている．小川は，測定誤差は 10 オングストロームと述べており，レニウムについて現在知られている値，4889.17 オングストロームとよく一致する．
3) 小川は，日本産輝水鉛鉱（モリブデナイト）にはニッポニウムが豊富に含まれていると述べている．輝水鉛鉱には，主成分であるモリブデンとイオン半径が似ているレニウムが含まれている．とくに，火山性の昇華物である輝水鉛鉱には，レニウムが濃縮されている場合がある．
4) 小川の実験自体は正確なものであり，彼が論文発表した 1908 年当時はレニウムは未発見元素であったから，新元素を発見したことは事実である．ただ，原子量を出す際の化学反応の解釈が（現代化学の立場からみると）適切でなかったために約 100 という値を得て，周期表上の位置をひとつ上の 43 番（現在のテクネチウム）としてしまったので，不運にも仕事の全部が否定されてしまったような形になったのである．

吉原は 1996 年，ベルギーで開かれた「元素発見」国際シンポジウムの招待講演で小川正孝の研究を紹介し，上記の根拠により小川正孝がレニウムの事実上の発見者であることを指摘した[6]．この発表は多くの好意的な反響を呼び，高く評価されたとのことである．

なお，規則格子合金をはじめ種々の金属合金の回折結晶学的研究で多くの成果をあげた小川四郎（東北大学名誉教授：1999年4月22日逝去）は，小川正孝の四男である．吉原賢二による父上の業績の再検討が進み，国際的にもその業績が再認識され評価されつつある中での旅立ちであったことを喜びたい．

ポロニウム

メンデレーエフによって「エカテルル」として予言された 84 番目の元素は，1898 年にキュリー夫妻により発見され，夫人の母国ポーランドにちなんでポロニウムと命名された．そのクラーク数（地殻中の元素の存在割合）は 4×10^{-14} である．ちなみにクラーク数が大きい元素をいくつか挙げると，

O(49.5), Si(25.8), Al(7.56), Fe(4.70), Ca(3.39), Na(2.63)

であり，U（4×10^{-4}）は第53位，Ra（1.4×10^{-4}）は第84位でPoは第87位であるから極度に希少な元素である．ポロニウムを比較的多量に含む鉱物であるウラン鉱でも1トンあたり100μgほどのポロニウムを含有するに過ぎず，キュリー夫妻がその単離に苦労したのも頷かれる．私がポロニウムという金属に興味を持ったのは，理化学辞典（第5版，岩波，1998）の以下の記述である．

> …単体α型（低温型）は単純立方構造，β型は三方晶系結晶．18～54℃では両型が存在する．…融点254℃，沸点962℃…

これを読んで次のような疑問をもった．
1) 金属の多くは，面心立方，体心立方，最密六方構造をとることが知られている．単純立方構造の金属が本当に存在するのだろうか？
2) それが事実だとすれば，なぜポロニウムのみが周期表の周辺元素とはまったく違った構造をとるのだろうか？
3) 単一成分の固体では，変態点以外では平衡に存在する固相は1種類の

図4.3
1898年，キュリー夫妻（Pierre and Marie Curie）はポロニウムとラジウムをピッチブレンド中に発見したと宣言した．放射能の発見により，夫妻はベックレルとともに1903年のノーベル物理学賞を受けた．多年にわたる偉大な業績にもかかわらず，キュリー夫妻には，相変わらず粗末な実験室しかなかった．

はずである．2相が共存する温度域があるとはおかしな話ではないか？
これらの疑問に対する答えを以下に述べる．なお，詳細は別稿[9]を参照していただきたい．

ポロニウムの特異な性質

ポロニウムには27種の同位体（質量数192～218）があり，そのすべてが放射性である．天然放射性系列に存在する6種の同位体のうちPo^{210}の寿命がもっとも長く（半減期138.4日），他は1秒以下の短寿命である．天然のビスマス（Bi^{209}）を原子炉中で中性子照射することにより数mgのPo^{210}を得ることは比較的容易であり，主にこの方法で得たポロニウムを用いて研究が行われてきた．

1898年に発見されて以来，ポロニウムの化学的性質については多くの研究がなされてきたが，物理的性質の研究は長年の間ほとんど手つかずであった．マンハッタン・プロジェクト（原子爆弾製造計画）により多量のウラン鉱石が処理され，物理的性質の研究が可能な程度の量のポロニウムが供給されるようになった．しかしポロニウムは以下に列記するように，実験上まことに扱いにくい特異な物質なのである．

ポロニウム（Po^{210}）はウラン系列の放射性核種で，α崩壊（5.3MeV，半減期138.4日）を起こす．1mgのPoは，5gのRaと同数のα粒子を発生する．このため，安定な元素を扱う場合とは異なり，以下のような現象に留意する必要がある．

1) α崩壊はHeガスの発生を意味する．真空封入しておいても，時間とともに内圧が上昇する（キャプセルの破損，危険な物質の飛散に対する注意を要する）．
2) α崩壊に伴い自己放射線損傷が起こる．Po原子は平均1日1回はじき跳ばされる（したがって，多量の格子欠陥が生成される）．
3) α崩壊に伴う放出エネルギーは140W/gで著しい自己加熱がある．例えば0.5gのPoを封入したキャプセルの温度は500℃にも達するという．試料の形状，寸法，周囲の放熱環境により試料内部の温度は大幅に変化し得る．

4) α崩壊により鉛が生成（$Po^{210} \to Pb^{206}$）するため時間とともに試料組成が変化する．鉛への変換は0.5%/日の割合で起こるので，手際よく試料作製をしたとしても，実験開始時期には1.5% Pb程度にはなっている．138日（半減期）後には当然50% Pbになる．したがって「平衡状態を得るため，あるいは精度の良いデータを得るために試料の準備や測定に長時間をかける」といった通常の物質の実験の場合の常識は成り立たない．

また，表面でのγ線量率は12R（レントゲン）/hであり，X線回折写真を撮るとき，フィルムのγ線による黒化が避けられない．およそ100時間で完全に黒化するが，写真撮影には数十時間を要するため，画質が悪く正確なデータが得にくい．おまけにポロニウム（Po^{210}）はμgのオーダーでも人体には危険で，取り扱いに注意を要する．摂取許容量は0.03mCiであり，重量では僅か6.8×10^{-12}gの極微量である．青酸カリの摂取許容量と比較すると，重量では2.5×10^{11}倍の毒性を持つ．

ポロニウムの物性測定

1949年，マックスウェル[10]は融点，電気抵抗，密度，同素変態に関する結果を，ビーマーとマックスウェル[11]はX線による結晶構造解析結果を報告した．実験はいずれも数十μgの薄膜，あるいは微小塊状試料を用いて行われた．粉末法X線回折によれば，蒸留法により作製した直後の試料は高温相であるβ相のみからなり，冷たい空気を送って長時間冷却するとはじめてα相（低温相）になる．冷却を中止し室温に放置するとほとんどβ相になるが，α相の回折線もなお強く残存している．このことは，室温の静止空気中に放置した場合，α崩壊による自己加熱により，試料温度がα/β変態温度（電気抵抗測定からは，36〜75℃と推定されている）付近になっていることを示唆している．

天然のBiを中性子で照射すると上述のようにPo^{210}ができるが，プロトン照射するとPo^{208}(85at.%)，Po^{209}(15at.%)の混合体が生成される．半減期はそれぞれ，2.888年，103年であり，Po^{210}と比較して，比放射能は4%，またそれに伴う自己加熱も同じく4%程度に減少するから実験の困難さが大幅に軽減される．デ・サンドとランゲ[12]は，このようにして作製した試料を用いて実験を行った．

粉末法X線回折により決定された結晶構造は，理化学辞典に記述されているように α 相は単純立方構造，β 相は菱面体晶系，あるいは三方晶系である．

単純立方構造のポロニウムは周期表の孤児か？

周期表において，縦に並ぶ同族元素は同一の結晶構造をとる傾向がある．しかし，数ある元素の中で単純立方構造をとるのはポロニウムのみである．果たしてポロニウムは異端児であろうか？

VIb 族の元素で Po の直上に位置する Se（セレン）と Te（テルル）は図 4.4 に示すような鎖状構造（らせん状格子）をとる．これとポロニウムの単純立方構造（図 4.5）を比較してみよう．

図 4.6 の (a) は単純立方格子の原子位置の，体対角線に垂直な面への投影を表す．円内の数値は高さの座標値である．

(b) は三方格子で表したものである．

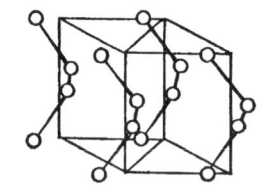

図 4.4 セレン，テルルのらせん状格子　　図 4.5 単純立方格子

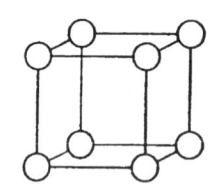

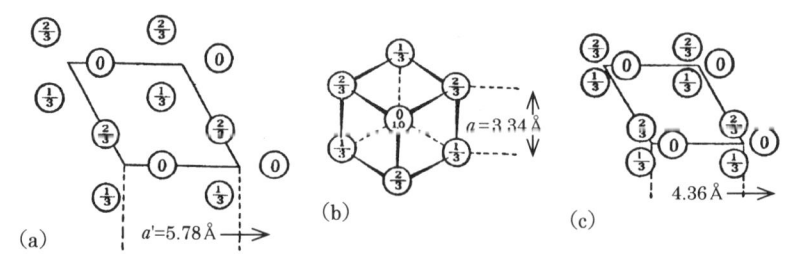

図 4.6 ポロニウムの単純立方構造とセレン（テルル）の鎖状構造の関係
　　(a) 単純立方格子の体対角線に垂直な面への投影図
　　　　円内の数字は各隅の高さの座標値，格子定数はポロニウムに対するもの
　　(b) 図 (a) を三方格子で表したもの
　　(c) セレンの結晶構造

(c) は同じく三方格子で金属セレンの原子位置を示している.

セレンでははっきりしたらせん状鎖が認められるのに対し,ポロニウムはどこでもらせんが辿れるけれど,1次元の鎖を見出すことは出来ない.すなわち,セレン,テルルでは各原子は2個の最近接原子と4個の第2近接原子を持つのに対し,ポロニウムでは6個が等距離にある.単純立方構造は鎖状構造のひとつの極限,あるいは鎖状構造は単純立方構造の変形(体対角線に垂直な(111)面を少しずつ互いに120度をなす方向へずらす)と見なすことが出来る.また,周期表で隣に位置するVb族元素の高圧下の結晶構造を調べた研究によれば,P, Asで単純立方構造をとる相が見出されている.だから,ポロニウムは孤児ではなく近辺の元素と血縁関係?にあるということになる.

理化学辞典の記述について

単体元素の同素変態といえば,すぐ頭に浮かぶのはSnである.理化学辞典には,Snの変態について,次のように書かれている.

> …13.2℃以下で安定なαスズ(灰色,ダイアモンド型構造)とそれ以上の温度で安定なβスズ(白色の金属,正方晶系)とがあり,….β→α転移は13℃付近では遅いが,低温では速い.−30℃以下でβスズは腫れ物状に膨張して,くずれやすくなる(寒冷地に見られるスズペスト,tin pest). …

これと比較して,ポロニウムついての「18〜54℃では両型が存在する」の記述がたいへん気になる.これはマックスウェルの電気抵抗測定の実験結果[11]を述べたものであろうが,誤解を招きやすい記述である.「辞典」は単に実験事実を述べればよいというものではない.私見では「α/β変態温度は,36〜75℃(あるいは75℃近傍)あたりと推定されている.しかし,ポロニウムは強い放射性物質であり,そのことに由来する実験上の困難のため正確な変態温度は不明である」あたりが妥当な記述ではなかろうか?

小説に出てくるポロニウム

フレデリック・フォーサイスの小説 *"The Fourth Protocol"* (篠原 慎訳『第四の核』,角川文庫,1986)には,金属ポロニウムが登場する.グラスゴーに寄港

したソビエトの貨物船の船員が，深夜，街頭で暴行事件に遭遇し死亡する．命にかけて守ったずだ袋のなかにあったタバコ缶の中に3枚の金属板が入っている．2枚はアルミで，あとの1枚は鉛みたいに鈍く光り持ち重りがする．直径2インチ半のその金属板は分析の結果，ポロニウムであることが判明する．英国内で小形原爆を爆発させ，混乱を画策するスパイが持ち込んだものであった．…
　前述のように，強い放射性の元素であるポロニウムは鉛と同じように扱えるはずがない．フォーサイスは綿密な取材に基づいて執筆することで定評がある作家だそうである．けれども，ことポロニウムに関する限りいささか不確かな知識，情報をもとにしているようである．

Npはネプツニウム

　本章で取り上げたニッポニウムとポロニウムはともに発見者の母国名を冠した愛国的元素である．幻の新元素ニッポニウムに用いられた元素記号 Np は，現在93番元素ネプツニウムに対して使われている．その由来を付記しておこう．
　天然に比較的豊富に存在する元素でもっとも原子番号の大きい元素は92番のU（ウラン）である．ウランは1789年にドイツのクラップロートが発見し，1781年に発見された新惑星，天王星（Uranus）の名をとって uranium と名づけられた．93番以上の原子番号の元素は超ウラン元素と呼ばれている．最初の超ウラン元素，ネプツニウムは，1940年にウランを中性子照射することによって生成した物質中から発見され，天王星の外側の惑星軌道をまわっている海王星（Neptune）にちなんで，neptunium となった．

【参考文献】
1) D.N. トリフォノフ, V.D. トリフォノフ著，阪上正信，日吉芳朗訳：化学元素発見のみち，内田老鶴圃 (1994).
2) 湯浅光朝：科学史，[日本現代史大系]，東洋経済新報社 (1961).
3) 板倉聖宣編：元素の発明発見物語，国土社 (1985).
4) 吉原賢二：化学史研究, 24 (1997), 295-305.
5) 吉原賢二：科学に魅せられた日本人，岩波書店 (2001).

6) H.K.Yoshihara : Radiochimica Acta, **77** (1997), 9-13.
7) H.K.Yoshihara : Historia Scientiarum, **9** (2000), 257-269.
8) F.H.Loring : The Chemical News, vol. C., No.2611 (1909), 281-286.
9) 小岩昌宏：ポロニウムの結晶構造，まてりあ，**38** (1999), 144-147.
10) C.R.Maxwell : J. Chem. Phys., **12** (1949), 1288-1292.
11) W.H.Beamer and C.R.Maxwell : J. Chem. Phys.,**12** (1949), 1293-1298.
12) R.J.De Sando and R.C.Lange: J. Inorg. Nucl. Chem., **28** (1966), 1837-1846.

5
永久磁石材料
― KS鋼, MK鋼, 新KS鋼の開発事情 ―

永久磁石の発展

　工業材料としての永久磁石の歴史は1917年に発明されたKS鋼にはじまり，MK鋼，新KS鋼などの鋼をベースとする合金磁石の開発へと続きアルニコ磁石の起源となった．これらはいずれも日本人の発明によるものである．1933年には武井 武により酸化物系のOP磁石が開発され，フェライト磁石の源となった．1960年代に入って希土類元素とコバルトの化合物が高性能の磁石材料として優れていることが分かり，$SmCo_5$ や $Sm_2(Co, Fe, Cu, Zr)_{17}$ 系が工業化されている．また，1980年代には，希土類元素と鉄，ボロンからなる3元系化合物磁石が開発され，$Nd_2Fe_{14}B$ 系磁石が量産されている．これら希土類

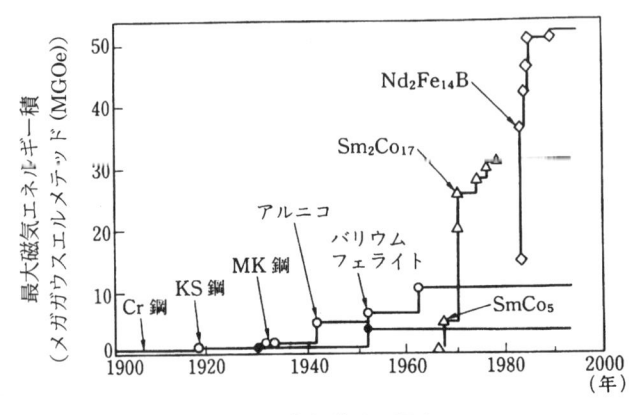

図5.1 永久磁石の発展

系磁石は比較的最近に開発されたものでもあり,その開発経緯はよく知られている.また,OP磁石に関しては『武井 武と独創の群像』[1]に詳しい.

本章では3種の鋼系永久磁石材料,KS鋼,MK鋼,新KS鋼の開発について相互の関連性に着目し,『科学史研究』に発表された勝木の論考[2)3)],『金属』に発表された河宮の論文[4)5)]をはじめ各種の資料を参照し総合的に眺めてみたい.

星野芳郎の問題提起「KS鋼とMK鋼の問題」

著者が東大工学部冶金学科の学部学生であったころ,工学部学生の間で読書会のテキストとしてよく用いられたのが星野芳郎著『現代日本技術史概説』[6]であった.その巻末には「現代技術史学の方法」と題する200ページを超える試論が付されていた.「KS鋼とMK鋼の問題」と題する一節に以下のような記述があった.

> たとえば,MK鋼とKS鋼とをとってみると,形式的にはその結果は似たものであるにもかかわらず,それが出現した過程はまるでちがうのである.本多光太郎は,もともと物理学の出身で,かっては長岡半太郎の指導のもとに物質の磁気的性質に関する研究をすすめていた人である.それまでの冶金学研究は主として熱分析と顕微鏡とで金属の組織をもとめるものであったが,本多はそれにくわえて熱膨張・電気抵抗,磁性の異常変化などによる物理学的方法を併用して,現在の物理冶金学の一方の基礎をきずいた.これが本多の最大の功績であって,本多のKS鋼や新KS鋼は,そうした物理冶金学を指針として,それを実際に適用して発見されたものであり,その結晶とでも言うべきものである.
>
> これに反して,三島徳七は,出身は冶金学科である.かつMK鋼は,はじめから強力磁石を作ろうとして完成されたものではない.MK鋼は,三島がたまたまニッケル10ないし30%をふくむニッケル鋼(非可逆鋼)の研究中,三島の助手によっていわば偶然に発見されたものである.したがって,MK鋼は本多光太郎の場合のような理論を指針として出現したものではない.このために,三島研究室からはその後は永久磁石鋼はほとんどうみだされなかった.偶然の発見というものは,そうやたらにあるものではないからである.それに反して,本多研究室からはやがて新KS鋼がうみだされ,そればかりではなく,

同系統の理論を基礎として,そこからまったく別の分野のすぐれた合金があい
ついであらわれた.増本 量の超不変鋼,増本と山本達治のセンダスト(高透磁
率合金)などがそれである.

本章の目的の一つは,KS,MK,新KS鋼の開発過程をつぶさに追うことに
より,星野の指摘の妥当性を検証することにある.

KS鋼の開発[2)3)]

第一次世界大戦(1914-18)の勃発により,外国からの物資輸入が極度に制限され,とくに工業用諸機械,兵器用材料はほとんど途絶した.本多光太郎(1870-1954)が磁石鋼の開発に乗り出したのは,こうした背景のもとでの陸海軍の航空関係の要請による.本多自身は回想「KS鋼発明前後」(『科学朝日』,42, 1940)において当時最良の永久磁石 W-Cr 鋼の鉄を 1/3 Co に置換して残留磁化を増せば必ずいい磁石ができると考えて,「2, 3回の試作で予想が的中したことが確かめられた」といっている.ところが実際に試料の試作・試験を担当した高木弘の博士学位論文(東北大理,1959)を見るとだいぶ話が違う.

本多光太郎
東北大学金属材料研究所所蔵

高木 弘の経歴[7)〜9)]

高木 弘(ひろむ)(1886-1967)は,神戸一中,七高,東大理科(実験物理学科)を経て,1911年東北理科大学大学院に入学(東大同期の曾禰武の誘いによる)した.兵役服務をはさんで1918年まで,学生および実験補助としてKS鋼の開発などの研究に従事した.1919年住友鋳鋼所(現在の住友金属工業)に入社,KS磁石鋼の生産技術の研究指導を担当し工業化に成功した.また,熔鋼の温度測定技術の確立,鋳造技術の改良,高倍率顕微鏡撮影技術の開発にも成果をあげた.1936年,仙台に設立された東北金属工業株式会社に常務取締役として赴任,電気通信素材および部品,電気計器用磁性材料の国産化にあたり,1944年に社長に就任した.戦後は相談役として後進を指導し,新製品開発を陣頭指揮

した．1967年8月5日，81歳で逝去．なお，1931年4月，日本鉄鋼協会からKS磁石鋼の完成により第1回服部賞を受賞している．

高木 弘は1959年2月に東北大学より理学博士の学位を受けている．学位論文は「KS磁石鋼の研究ならびにわが国地表物質の磁性の測定」と題され，論文調査委員は林 威，平原栄治，白川勇記の3教授である．高木がKS磁石鋼発明から40年以上も経って学位論文を提出した事情は，勝木 渥の論文[2]

高木 弘
NECトーキン（株）提供

に記されている．すなわち，主査を務めた林 威に勝木がインタビューしたところ「高木のKS磁石の仕事は当然学位をさし上げていいものだったが，高木はずっと学位をとらないままでいた．昭和33（1958）年頃には林が教室の最年長者になっていたが，高木にぜひ学位をとってほしいと思い，高木に学位論文の執筆をすすめた．高木がもう手がふるえてこれ以上は書けないというのを，励まし励まし書いてもらった」と語ったという．

高木 弘の学位論文の概要

以下に論文の一部を引用する．

KS磁石鋼完成までの経過

1. 磁石鋼研究初期の事情（略）
2. 提供試料の研究

　　磁石鋼の研究の第一歩は提供品について行われたがすべて国産のものであった．… 試験の結果，抗磁力70エルステッドに達するものは遺憾ながら発見することは出来なかった．従来の炭素鋼の少し上位にある程度であった．此の際外国製の磁石の参考品を必要としたので，本多教授よりシーメンスハルスケ社の計器より馬蹄形の磁石を取り出し測定することを許されて早速試験を行った．…

　　当時国産磁鋼につきては鋼材の取り扱いのみを主として磁性研究をしたので品位の良否の大半を支配する熔解経過，原料の良否の影響等に関しては全然触れる事が出来なかったことは当時の事情としてやむを得ないこととはいえ試験は完全とは云えない

　　筆者は古くから磁石に使用された炭素鋼は状態図も明であり特殊元素もな

いから之により磁石として炭素鋼の挙動の概念を造りたいと考えた．
3. 磁石鋼としての炭素鋼
… 一方磁性材料の有する磁性は材料そのものに強く支配されるから抗磁力を深く掘り下げずに材料による個々の磁性を研究して総合的に磁石鋼の品質の向上を考えることも出来るの理である．又抗磁力は配合元素や処理によって支配される故新しき磁石鋼を得るには飽和磁気の高いものを用い，之を基礎として残留磁気を犠牲にして抗磁力を高めることが良策と考えられる．幸いこの目的に適合する Fe-Co 合金がある．Fe に Co を加えると飽和磁気は上昇し，Co の含有量 34〜35％において最大となり純鉄の飽和値より 20％も増大する．Fe と Co は相互によく高温では互いに溶解し Co は炭化物も作らないのでこの合金に炭化物を造る W, Cr, Mn の如き元素を加えて焼入れ

> 5. Co-Fe-Cr 磁石鋼
>   Co-W-Fe 磁石鋼には特に注目すべき成績はなかった．当時教室の工場に成分不明の工具鋼があって極めて硬度が高く大切にして居った材料があることを工員より聞いた．筆者は之を分譲してもらい之を Co-Fe 合金に四の場合と同様に配合した．その結果抗磁力 180エルステッドの磁石が発見された．本多教授は非常に驚かれて早速分析を命じられた．その結果抗磁力の増加は Cr 元素によるとの結論となった．その後 Ferro-Chromium により Cr を配して試験をした処 Ir=500〜600 gauss, Hc=180〜200 Oe の磁石鋼が完成された．当初新磁鋼性 Ir=1000 gauss, Hc=100 Oe を念願したのであったがそれよりも勝れた品位のものが出来たのである．
>
> 6. Co-Fe-W-Cr 磁石鋼
>   試料に消費する Co の入手は当時益々困難になって来た．遂に化学用のカールバウム社やメルク社の高價なる品迄使用させてもらった事は誠

図 5.2 髙木 弘学位論文（東北大理物理へ提出）の一部

効果を強めることも出来る筈である.

4. Fe-Co-W 磁石鋼

　　Co の含有量を 35%に, 炭素含有量を 0.5～0.6%の範囲とし, タングステン合金鉄 (ferrotungsten) により W を添加し最高を 10%に押えた. この範囲の鋼にはとくに良好なるものはなかった. 抗磁力は最高 120 エルステッド程度であった. 残留磁気も特に強くはなかった. …

5. Fe-Co-Cr 磁石鋼

　　Co-W-Fe 磁石鋼には特に注目すべき成績はなかった. 当時教室の工場に成分不明の工具鋼があってきわめて硬度が高く大切にして居った材料があることを工具より聞いた. 筆者は之を分譲してもらい之を Co-Fe 合金に W の場合と同様に配合した. その結果抗磁力 180 エルステッドの磁石が発見された. 本多教授は非常に驚かれて早速分析を命じられた. その結果, 抗磁力の増加は Cr 元素によるとの結論になった. その後 Ferro-chromium により Cr を配して試験した処 Ir = 500～600 gauss〔著者註：5000～6000 の誤記である〕, Hc = 180～200 エルステッドの磁石鋼が完成された. …

6. Co-Fe-W-Cr 磁石鋼

　　試料に消費する Co の入手は当時ますます困難になって来た. ついに化学用のカールバウム社やメルク社の高価なる品まで使用させてもらった事は誠に有難いことと思った. かくして Co-Fe-W-Cr 磁石鋼をつくり磁性の測定を行ったが予想せるごとく単に Cr 元素添加の場合よりも好成績で抗磁力の増加とともに残留磁気もきわめて強力になった. 最良の成績を示す範囲を決定するため多数の試料を造り, 次の成分範囲を決定した.

　　　Co：30～40% W：5～7% Cr：1.5～3.5% C：0.45～0.7%

「工具鋼を配合して合金試料を造った」というのはいかにも奇異に感じられるが,「当時の変態硬化型磁石ではよい磁石 (磁気的に硬い) は, 機械的に硬いことを必要条件にしていた. したがって『硬い工具鋼』の成分をとりこむことは自然な発想であった」とのことである[5]. 学位論文の記述をそのままに受け取ると,「工具鋼添加は Cr 添加」であったかにも受け取れるが, 切削用合金工具鋼, 高速度鋼には数%の W が (通常は Cr より多量に) 含まれているので W と Cr の同時添加であったと見るのが自然である.

　上述のように, 学位論文は高木が 70 歳を超えて, KS 鋼発明から 40 年以上経過したのちに書いたものである. その自宅は仙台大空襲の折に全焼した

> **On K. S. Magnet Steel.**[1]
>
> BY
>
> KÔTARÔ HONDA AND SEIZÔ SAITÔ.
>
> ―――――
> *With three plates.*
> ―――――
>
> On June 1917, a new remarkable alloy steel possessing an extremely high coercive force and a strong residual magnetism was discovered by Mr. H. Takagi and one of the present writers (K. Honda). This steel is prominent as a magnet steel among those hitherto known, i. e., tungsten magnet steels, and is named the "K. S. Magnet Steel," after Baron K. Sumitomo, who offered a sum of 21000 yen to our university for the investigation of alloy steels. During the last two years, several important improvements have been made in the steel, and also numerous measurements of its characteristic constants made; but for reasons connected with the patent, the publication of these data has been suspended up to the present. In the following pages, a short account of the result of our investigation is given.
>
> The alloy is a special steel containing cobalt, tungsten and chromium. A favorable range of the percentages of these metals is given below:―
>
> | C | Co | W | Cr |
> |---|---|---|---|
> | 0.4–0.8% | 30–40% | 5–9% | 1.5–3% |
>
> The alloy being somewhat brittle, great care is required in forging the ingot; but with a good deal of practice, one can forge it into any desired shape. For K. S. Magnet steel, the best quenching temperature is 950°C., and the best quenching bath a heavy oil. As shown below, K. S. magnet steel requires almost no heat treatment in order to be used as a permanent magnet in electrical instruments.
>
> ――――
> (1) The forty-third report from the Iron and Steel Research Institute.

図 5.3 本多・斎藤論文第 1 ページ

（ご遺族高木康子さんによる）とのことであり，おそらくは実験データやノートもないままに執筆されたものと推測される．実際，東北大学理学部より取り寄せた学位論文のコピーを眺めてみると，「学位論文」というより「回想録」と呼ぶ方がふさわしい書きぶりである．「工員に分譲してもらった工具鋼を合金作成に際して添加した」といった経緯は迫真性があるけれど，実験の詳細な経緯までそのとおりであったかどうかは疑問が残る．

なお，勝木[2]によれば，KS 磁石鋼に関して公刊された学術論文としては 1920 年に『東北帝大理科報告』に発表された，本多光太郎と斎藤省三による "On K.S.Magnet Steel"（東北大金研の第 43 番目の論文と脚注にある）のみで，共著者が高木でなく斎藤であるのは，特許権者となった住友鋳鋼所（現住友金属工業）から派遣された斎藤が本多のもとで研究していたからとのことである．なお，この論文には最適組成範囲の試料の特性に関する記述があるのみで，開発経緯は述べられていない．KS 磁石鋼の特許出願は 1917 年 6 月 15 日（特許

第 32234 号）で『発明ノ性質及ヒ目的ノ要領』には以下のようにある．

> 本発明ハ特ニ磁石ヲ造ル為メ鋼鉄ト二十乃至六十「パーセント」ノ「コバルト」トヲ合金シ之ニ若干量ノ「タングステン」「モリブデン」「バナジウム」又ハ其ノ同族ノ金属ヲ加ヘテ成ル特殊合金鋼ニ係リ其ニ目的トスル所ハ頑性力強サ及耐久力共ニ甚大ナル永久磁石ヲ得ントスルニ在リ

また引き続いて 1917 年 7 月 10 日出願（特許第 32422 号）の明細書には以下のようにある．

> 本発明ハ特許第 32234 号ノ発明ヲ利用シ之ニ拡張ヲ加ヘタルモノニシテ特ニ磁石ヲ造ル為メ鋼鉄ト二十乃至六十「パーセント」ノ「コバルト」ト「クロム」トヲ合金シテ成ル特殊合金鋼ニ係リ其ノ目的トスル所ハ頑性力強サ及耐久力共ニ甚大ナル永久磁石ヲ得ントスルニアリ

当時最も優れていたタングステン鋼に比し抗磁力にして 4 倍近い値を示す KS 鋼は，高価なコバルトを大量に含んでいるため，製品価格も 20 倍もしたが，ドイツのジーメンス・ハルスケ社，米国のウエスチングハウス社は早速採用した．「KS 鋼」の名称は，本多光太郎の研究支援のため寄付をした住友家への謝意を表して当主（住友吉左衛門）のイニシアルを取ってつけられた．

MK 鋼の開発

KS 磁石鋼の発明から 15 年後の 1931 年，三島徳七により MK 磁石が発明された．これは当時最高性能の永久磁石材料であった KS 鋼の約 2, 3 倍の保磁力を有し，安定性にもすぐれたものであった．

三島徳七の経歴は日本経済新聞に連載（昭和 38 年 10 月）された「私の履歴書」に詳しい．また，最近三島良直（徳七の孫）が執筆した『鉄の人物史』[10] にも経歴や MK 鋼の発明に関することが記されている．以下では，三島徳七の三回忌に刊行された『三島先生を偲んで』[11] に採録されている本人の回顧や関係者の寄稿文などをもとに記すことにする．

三島徳七（1893-1975）は 1893 年淡路島の農家，喜住甚平，こと夫妻の末子（第七子）に生まれ，小学校卒業後は家業を手伝う予定であったが，小学校の教師，

三島徳七
加藤倉吉氏（もと大蔵省印刷局彫刻課長）作銅版画[11]

村長のすすめで陸軍軍人の書生となり，その転勤に従い和歌山，千葉，水戸と移り住んだ．家事を手伝うかたわら，早稲田大学の中学講義録により独学し中学検定試験を目指し，その後は陸士か海兵に進むつもりであった．しかし，年齢制限で入試の機会を逸するかもしれないとの不安から，試験を受けて立教中学4年に編入された．5年の初めの視力検査で近眼と診断されて軍人への夢は断たれ，一高を経て東大理学部星学科（天文学）に進んだ．しかし，産業界で鉄が脚光を浴び学問的にも注目を集め始めていたことから，1年後に転学届を出し，工学部冶金学科鉄冶金専修に転じた．1920年，三島家の養子となり，卒業後は鉄冶金学教室の講師に就任，翌1921年助教授に昇任した．MK磁石の発明前後の事情を，牧野 昇との対談における三島自身の発言（『電子材料』1962年6月号）から拾い出してみよう．

　実験設備もだいぶできたし，助手も一人使えるようになったので，いよいよ独自の研究生活に入ろうと決心して次の三つのテーマを選んだ．一つは強力なMKマグネット発見の端緒になった鉄ニッケル系合金の研究です．当時世界的に有名な合金で，無磁性，非可逆鋼と呼ばれたニッケル25～26%を含む高ニッケル合金は，加熱のときと冷却のときとで変態点が著しくことなり，これを高温からやや早く冷やせば，常温に達しても変態を起こさず無磁性であった．この原因を追及解明しようと思ったのです．もう一つは，ニッケルを含まないニクロム線の代用合金の研究です．当時日本はニッケルが皆無で，全部輸入されていたので，ニクロム線代用の電熱線を得ることが国策的に大事だったからこれをやろうと思ったのです．残りの一つは，高速度鋼より硬い工具用超硬合金の研究です．
　非可逆性の高ニッケル合金にアルミニウムを1%，2%，3%と15%まで逐次添加した試料を熔製して，温度と熱膨張のカーブをとったり，磁気分析の曲線をとったりして変態点の移動状況と非可逆性の変化する有様を追及したのですが，いろいろ測定をしているうちに，アルミニウムの成分の変化につれて，

磁性が非常に強くなることがわかった．そこで，強い磁場をつくってヒステレシス・カーブをかいてみたところ，とても強力な永久磁石になりそうだということが予想できた．そこでだんだん深入りして，最初の目的を変え強力なマグネットを作る方向にいったわけです．ことの興りは一言でいえば，強力な磁石をみつけることを目的に研究をはじめたのではなく，むしろ高ニッケル合金の無磁性であり，非可逆性である原因をつきとめようと思ってスタートしたことが，強力な永久磁石をみつける結果になったという次第なのです．MK磁石という名前は，私の養家の三島のMと実家の喜住のKをとってつけたわけです．

また，橋口隆吉との対談（『金属』1958年1月号）では，Fe-Ni-Al合金に関する実験について次のように述べている．

> このときサンプルが相当にたまっていたので，一つ磁性をはかろうというので，工作場の職工をしていた杉浦君という人に規定の寸法に削って仕上げてもらうように頼んでおいた．ところがなかなか削ったものが届かないので翌日私が地下室までおりて行って催促にいったところ，なかなか削れないということで，削り屑がくっついてなかなかとれない．ふつうのものとはちがうということがわかった．そこで，磁場を強くして磁化してみると，まことに強い磁石であることがわかったのです．

MK磁石鋼の特許出願は1931年7月30日（特許第96371号）で『発明ノ性質及ヒ目的ノ要領』には以下のようにある．

> 本発明ハ「ニッケル」五乃至四十％「アルミニウム」一乃至二十％残部鉄ヲ含有スル「ニッケル」及「アルミニウム」ヲ含ム磁石鋼ニ係リ其ノ目的トスル所ハ鋳造後焼入ヲ施ス事無ク且熱変化機械的衝動等ニヨリ殆ンド影響セラルルコトナク高磁力ヲ保有スル磁石鋼ヲ経済的ニ得ントスルニ在リ

なお，追加発明としてコバルト，銅，ケイ素を添加したものに関する特許が出願された．

三島の実験協力者たちの回想

MK鋼に関する講演発表や特許の申請はすべて三島徳七の単独名で行われて

おり，発明に際して協力者がいたかどうか，それは誰であったかを巡る憶測を仄聞したこともある．三島自身の発言にはこれを意識していたことを思わせる次のようなくだりもある．

> … さて学位論文が片付くと，それまで一緒に研究を続けてきた後藤先生は一人で自由な研究に入ってはどうかと言われた．私も独創的で思い切った研究に入りたいと考えていた矢先だったので先生のすすめに従うことにした．当時の助教授は助手を持つことができなかったが，幸い，私は月給袋を家に持ち帰らなくてもすむので（裕福な三島家の養子となったので），八十島君，藤島君という二人の助手を自費で雇っていたから，一人になっても研究に不便を感ずることはなかった．（前出「私の履歴書」より）

> … この研究のための材料なんかは，後で誤解を招いたらいけないと思って全部自分で買ったものです．（『金属』1958年1月号所載の対談より）

『三島先生を偲んで』[11]にはかつてその助手を務めた人たちの回想文も掲載されている．その一部を以下に採録する．

実験室の思い出／藤島武次

　私が三島先生にご厄介に初めてなったのは，今から五十年程前の大正十五年の十二月でした．それから昭和八年，三菱（当時東京鋼材）で，MK磁石を工業化するのについていけとのことで入社しましたが … 大学へ就職当時，先生はまだ助教授で，学位論文の研究の真最中で，論文はご承知の「ニッケル合金の焼鈍脆性について」でした．学位論文の提出がすむと，以前に先生が鋳物砂の通気性の研究をやっておられた続きとして，鋳物砂の高温における性質の研究を始め，鋳物砂の熱膨張や高温における耐圧力の研究をやりました．それが一通りすむと，次に電熱線の研究を始め，ニクロム線よりもっと優秀なものを見出そうと，酸化のより少ない，電気抵抗の大きいものを探しに掛かったのでした．中には酸化も少ないし，電気抵抗も大きいかなりのものもできましたが，線引きしてみると，硬くて折れやすいものしかできなかったが，よりよいものを見出そうと，たくさんの試料を鋳造しては工作室で旋盤で削り，電気抵抗測定用の試料を作っていました．ところがその中の一本が削粉を吸着して離れないものがありました．磁化した覚えのないものが削り粉を吸着するなんて不思議に

思い，大いに好奇心をそそり，先生にこのことをお話すると，磁気的性質を研究してみようじゃないかといわれました．ところが冶金学教室にはまだその設備が整備してなかったので，日本特殊鋼株式会社の研究室に依頼してヒステリシス曲線をとってもらったら，マグネットとして有望なことがわかり，電気抵抗線の研究を中止して，マグネットの研究に切り替え，磁気測定装置を整備して，最初に鉄－ニッケル－アルミの三元系，次に，鉄－ニッケル－コバルト－アルミの四元系合金数十種を作り，磁気測定や磁気分析をやりました．

　鉄－ニッケル不可逆鋼がアルミを入れることによって可逆鋼になることを発見したのもこのときのことでした．… ところが今もって不審に思っているのは，MK磁石研究の発端となった，磁化した覚えのない試料が削り粉を吸いつけたことで，神の啓示だったのかも知れません．これも後から考えたのですが，溶解した試料を，溶解炉に通ずる強電流の導線の傍に置いて，作業を終えて「スイッチ」を切った瞬間に，電流の磁場作用で磁化されたのだろうとこじつけています．

　先生は実験結果は注意深く閲覧され，またそのデータを大切にされることは格別で，私の書いた汚いノートでも，旅行のときは戸棚にしまって鍵をかけて行かれました．…

MK磁石発明当時のことども／北野 均

　私が工学院の採鉱冶金を出て，三島先生の研究室へ入ったのは昭和六年十月末のことである．… 入室当時の研究室では，すでに昭和四年頃から，鉄，ニッケル，アルミ系合金が相当磁性が強く，工業的にも価値ある磁性合金であることがほぼわかっていたということであり，藤島さんが先頭に立って，ほかに喜多正司君がいて研究を進めていたが，手不足になったので私がこの中へ加えられることになったのである．

　私は藤島さんと一緒に，週のうち幾日も地下溶解室のクリプトル炉で次から次へと，広い範囲に組成の異なった磁性合金を溶解して径七ミリ，長さ十センチの湯口付き金型丸棒に鋳込んでは試料を造った．溶解量は白～白五十グラムであった．試料は鋳物のままや種々熱処理をおこなったものについて磁性，硬度，組織，ときには電気抵抗などの測定を続けていった．この合金には炭素が入ると結果がよくないことがわかってからは，溶解には極力炭素の混入を防ぐ方法がとられた．この合金には炭素が入っていないから磁石鋼と呼ぶのはおかしい，磁石合金と呼ぶべきだ，いや炭素のほとんど入らないステンレスでもステンレス鋼というではないか，などと議論しあっていたのもその頃のであ

るが，いつのまにか MK 磁石とか MK 鋼などで落ち着いている．… 当時磁性合金の研究内容については，自然の内に箝口令がしかれたような形であったが，学会発表は昭和七年春の日本鉄鋼協会講演会（東京）でおこなわれたと記憶している．当時東北の金研からは『金属の研究』は発行されていたが，金属学会は発足していなかった．その日の先生の発表は工学部機械の赤煉瓦建物の一番広い大教室でおこなわれたが，参会者が中に立ち溢れ，入り口のドアーが開かれて大勢廊下で熱心に聞いていた．… 昭和七年も後半になると，この合金は金型鋳造でなければならないし，比較的脆く，鋳引けが多いので，馬蹄型や他の割り金型で苦労していたときと記憶している．昭和八年になって独逸ボッシュに話が進んでいるとき，これに出す見本の大型馬蹄磁石を造ることになり，割り金型で苦労して造り上げた．そしてこれを美しく光らせるようにとのことだったので，グラインダーをかけ，バフ研磨していたときに，バフに引っ掛かって飛ばし，コンクリートの床に落として割ってしまったときには先生はたいへん悲しがった．仕方ないのでまた藤島さんにお願いして，一緒に苦労して造り直した苦い経験がある．…

　ところが藤島さんという人は非常に器用な人で，測定法を考えたり，前記の困難な溶解方法を順次克服しながら，大事な研究を先に立って，なりふりかまわず推進していってくれた．この人がもしこの研究室におられなかったなら，MK 磁石鋼は順調に世に出たかどうかわからないのではないかとさえ私はいまでも思っている．まことに天の配剤とはいえ，三島先生は実によい弟子を持ったものであり，私にとってもこの人には人生のこと，研究のこと，まことに多くのものを教えられ，導いていただいた．私はこの紙上をお借りして改めて深くお礼申し上げたい．…

教授室での三島徳七
（昭和25年10月27日）[11]

　さて私はこのへんでいよいよ三島先生の陰徳の一つについてこの際（三島先生は黙っているようにいわれたのだが）どうしても触れておかねばならないと思っていることがある．その暮，研究室の何人かにそそのかされて？（私が代表になって先生の部屋に行き，実験の打ち合わせなどをした後），独逸にきまったお祝いに特別ボーナスをいただけませんか（この言葉通りであったかどう

かは忘れたが)と切り出したものである．先生は「よくわかった．みな良くやっていてくれるから….一日待ってくれ」とのことであった．その翌日のことである．早速私は三島先生の部屋に呼ばれた．そして「よくやってくれて有難う．これはお礼といってはおかしいが，少ないけれど感謝の印だと思ってとっておいてくれ．そしてこれは，これから銀座か赤坂にいって使ってしまってくれても良いのだが，できれば有効に使ってくれたら有難い．そしてこのことは人に話さないように」という主旨のことをいわれて，寸志と書いた封筒を渡された．部屋に帰って封を開けると，今までに見たこともない，手の切れるような折り目のない千円札であった．私は飛び上がって喜んだ．なんといっても当時の私の月給は四十円くらいのときだったから，二十五カ月分である．もちろんこのとき，祝いの一封をいただいたのは私のほか何人かいたのはいうまでもない．いまなら臨時所得でだいぶ税金でやられるところだろう．私は先生から貰ったこの千円札を銀行へ持っていって，百枚の折り目のない猪（十円札）に替えた．そして畳一枚の上に全部並べて，その上に大の字に寝て MK の味をかみしめて見た．なかなか良い気持ちである．…

新KS鋼の開発

　三島徳七による MK 磁石は本多光太郎による KS 磁石鋼の性能を大幅に上回るものであり，東北大金研の研究者に電撃的な衝撃を与えた．その状況を増本量（1895-1987）[12]は『三島先生を偲んで』[11]に寄せた追悼文で以下のように述べている．

　… 十五年という長い間，本多先生，高木博士の KS 磁石の上に眠っていた金属材料研究所のわれわれの間には賞賛の声もあがったが，また他方大きなショックでもあった．… それから直ちに武田修三博士は鉄・ニッケル・アルミニウム三元素の平衡状態図の研究にとりかかられたが，その結果 MK 磁石の保磁力はやはり析出硬化現象によるものであることがわかった．しかしそれに引き続き木内修一博士が X 線解析法によって詳細に研究された結果，二相分離型であることが明らかとなった．他方私は本多先生の許可をとったので武田博士の平衡状態図の研究とは関係なく，鉄・ニッケル系合金にアルミニウムと類似した金属を添加して析出硬化性を発揮させ，同時に大きな保磁力を得んとする研究を始めることにし，白川勇記博士に実験して頂くことにした．… 中でもチタンは比較的保磁力を大きくしたが，残留磁束密度を大きくするものは見つからな

増本 量
菅井 富氏提供

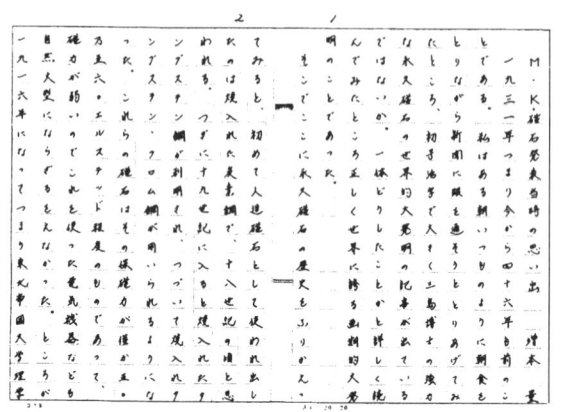

図 5.4 増本 量手書き原稿（『三島先生を偲んで』[11] 寄稿）
増本 健氏提供

かった．そこで本多先生が巡回してこられたとき「先生，どうも保磁力はある程度出ても，残留磁束密度のおおきいものが見つかりません」と申し上げたところ，直ちに「それではコバルトを加えてみるといいわなあ」といわれた．それで直ちに鉄・ニッケル・チタン・コバルトの四元合金の試料をたくさん造り，焼き入れ，焼きもどしを行って測定してみたところ，一九三四年に論文として発表しておいたように，残留磁束密度 6,300 ガウス，保磁力 900 エルステッドという残留磁気は弱いが保磁力は大きいものが得られた．本多先生は非常にお喜びになり，これに新 KS 磁石鋼と命名された．…

新 KS 磁石鋼の特許出願は 1933 年 5 月 1 日（特許第 109937 号）で『発明ノ性質及ヒ目的ノ要領』には以下のようにある．

　　本発明ハ「ニッケル」三乃至五十％「チタン」一乃至五十％残余ノ鉄及不純物ヲ含有スル合金製永久磁石ニ係リ其ノ目的トスル所ハ廉価ニシテ耐久性大ナル永久磁石ヲ得ルニ在リ

なお，これと同時にコバルト添加した合金についても出願している．

白川勇記と新KS磁石鋼

『研友』第55号（1997）に金研に長年勤務した菅井富が執筆した「白川勇記先生と新KS磁石鋼」（白川勇記（1906-98）に平成6年1月10日にインタビューした折の録音テープをもとに書いたもの）が載っている．新磁石発明当時のことについて白川は，

> 上からの命令で研究の中断を命じられ，二人いた助手も取り上げられたが，がんばって溶解鍛造など試料つくりも一人でやり，小使いさんに手伝ってもらって実験した．Tiという磁性を持たない元素を添加したのがみそだった．いいところ（最適組成？）を探すときは俺は必要がなくなりはずされた．学位や教授昇進のため論文を書けるようにとの配慮であった面もあるが…（要約）

と，当時の研究の状況を悔しさも含めて回顧している．上記の増本量の回想と

図5.5 本多・増本・白川論文第1ページ

は微妙に違う感じがする．なお，新 KS 鋼に関する学術論文は，本多，増本，白川の3名共著で "On New K. S. Permanent Magnet" と題して『東北帝大理科報告』(**23**, 1934-35, 365) に発表された（東北大金研の第 325 番目の論文と脚注にある）．

MK 鋼と新 KS 鋼の特許係争

「新 KS 鋼は MK 鋼の改良品か，新規な発明か」を巡って，東大対東北大の争いを背景に，工業化した二つの企業，住友金属工業（新 KS 鋼）と三菱鋼材（MK 鋼）のあいだで激しい特許係争が続いた．そのポイントは，三島特許の中心は鉄－ニッケル－アルミニウムの3元合金であるが，新 KS 鋼は鉄－ニッケル－チタニウムの3元合金であるということになっている．問題はチタニウムを添加するときに使う原料のフェロチタンにアルミニウムが大量に混在しているので，結局熔製されたものが，鉄－ニッケル－アルミニウム－チタニウム合金になってしまう．実際，東北大学側もこの点は大いに気にしたところで，増本 量も次のように述べている[11]．

> ところがそのころはまだ純粋なチタンが得られず，余儀なくテルミット法によって製造したフェロチタンを用いて試料を造ったので，どうしてもアルミニウムのまったくない試料を得ることができなかった．その上にアルミニウムの化学分析法としては一応確立していたとはいうものの，同じ合金でも分析を依頼するたびに大きく値が違い，非常に困った．大体4％くらいは含まれていたのではないかと思われる．かようなわけで新 KS 磁石鋼はチタンを大量に含んでいてもアルミニウムを含んでいる以上は MK 磁石鋼の改良ともみられるが，とにかく保磁力の非常に大きな磁石が得られたのである．

特許係争は昭和11年7月15日，「MK 鋼」の特許権者たる東京鋼材（三菱製鋼の前身）が「新 KS 鋼」の特許権者たる東北帝大の金属材料研究所を相手どり，特許権利範囲確認審判を特許局に上告したことに始まる．その後，相互の勝ち負けを経て，昭和18年2月23日に「権利範囲を侵害しない」との審結があり，これに対する三菱製鋼の不服上告が出された．昭和19年2月15日に口頭弁論がとりおこなわれる予定になっていたが，この弁論期日を前にして新春早々突如として三菱，住友両社間に和解が成立した．

… この大切な聖戦決戦の秋をひかえて，単に面目上や利益上から私事の争いを続けることは軍需会社としての使命にも反し，国家に対しても申訳のない次第であるからよろしく和解し，技術を交換し，相助け合って戦力増強に資すべきであるとの愛国の声が昂まったからにほかならない．

と当時の雑誌（『週刊毎日』，昭和19年2月13日号）に報じられている[11]．

岩瀬慶三の批判

伝記[13]を読むと，東北大金研における本多光太郎はほとんど神格化された絶対君主のごとき存在であったように思われる．そんな状況の中で率直に苦言を呈した数少ない一人が岩瀬慶三（1894–1976）である．彼は京大理学部化学科金相学教室の出身で，金研では3元状態図，砂鉄精錬などの研究を行う一方，1942年から15年間母校の教授を兼担した．1945年以降は京大が本務，東北大が兼担となったが，これは定年後も金研に強い影響力を持ち続ける本多光太郎との確執が原因であったらしい[14]．日本

岩瀬慶三[15]

金属学会の創立（昭和12年）に際しては，金研側を代表して東大などとの折衝にあたり実務のすべてを担当したとのことである．また京都では粉体粉末冶金技術協会を創設し，この方面の研究を推進した．81歳の誕生日の機に出版された『大学教授の随想』[15]には「つれづれなるままに綴った」小気味よい文章が並んでいる．その一つ「焼入理論発表のオモテ話」では竹内 栄の焼入れ新理論の論文発表に際しての本多とのやりとりを記している．

本多は「おまえがいらんこといわねば，自分の理論が立派に世間にとおっている．だから自分が以前に発表したFe-Ni合金の研究結果と違った結果が出たなどと，いらんことはいわなくともよい」という．いろいろ理を尽くして本多の名前を入れてその論文を発表すべきであると岩瀬は説得するのだが，本多は考えを変えない．

そこで私は左のように最後の切り札を出して先生の翻意を願ったのであった．
MK磁石が発明されたとき，東大の某長老教授は全国津々浦々はおろか，

満州くんだりまで出かけて MK の発明で KS 磁石はダメになり，本多君はもうおしまいだといひふらされたというし，本多先生は先生でこの件で大変あわてられて MK を真似た新 KS を作ってほっとされたように見えたが，私達としては発明なるものはその結果がいかに大きくとも犬棒式のもので，学問の世界の事柄ではない．学者ならばその磁石がどのような状態となっているか，また何がゆえに強磁石たりうるか，を明かして始めて学問らしくなるが，そのような学問的のことは，KS も MK も新 KS も全然発表されてはいない．全く街の発明家の仕事と質的には何ら変わりがない．それだのに本多先生も東大の老先生も，前述のように夢中になられたことに対しては，若い者達は先生方のために，非常に残念がったのであった．…

星野芳郎の指摘は妥当か？

本章の冒頭に述べたように，星野は「KS 鋼は理論的研究の，MK 鋼は偶然の所産である」として，「合金研究における理論的指針と研究方法の重要性・優位性の指摘」をした．私は冶金学科の学生としてこれに深い感銘を覚えた．しかし，KS 鋼と MK 鋼の発明の経緯を詳しく調べてみると，必ずしもこうした単純な構図は成立しない．「それまでの冶金学研究は主として熱分析と顕微鏡とで金属の組織をもとめるものであったが，本多はそれにくわえて熱膨張・電気抵抗，磁性の異常変化などによる物理学的方法を併用して，現在の物理冶金学の一方の基礎をきずいた」のは確かであるが，「本多の KS 鋼や新 KS 鋼は，そうした物理冶金学を指針として，それを実際に適用して発見されたものであり，その結晶とでも言うべきものである」には同意しかねる．永久磁石鋼の研究にあたって，彼の導入したさまざまな物理的測定法が用いられたであろうけれど，「物理冶金学を指針として，それを実際に適用して」KS 鋼，新 KS 鋼が作り出されたものではない．永久磁石材料の特性がどうすれば改良できるかという理論的指針は，当時殆どなかったというべきであろう．たまたま「工具鋼を配合してよい結果を得た」という高木の回想がそれを雄弁に物語っている．また星野芳郎は，

　… 三島研究室からはその後は永久磁石鋼はほとんどみだされなかった．… それに反して，本多研究室からはやがて新 KS 鋼がうみだされ，そればかりではなく，同系統の理論を基礎として，そこからまったく別の分野のすぐれた合金

があいついであらわれた．

と述べている．この指摘は正しいだろうか？ 三島研究室においては，第二次大戦中に入手が困難になった希少金属を含まない永久磁石の研究が行われ，その一連の研究のなかからMT磁石が生まれた．これは鉄－アルミニウム－炭素系合金で，ニッケル，コバルトを含まないにもかかわらず高コバルト並みの磁力を発揮した．MK磁石の代替として注目され，戦後アメリカへの技術輸出第一号となった．この他，MV磁石（コバルト・バナジウム・クロム系永久磁石），鉄－マンガン磁石などの研究が行われた．

東北大金研からは超不変鋼，センダスト（高透磁率合金）などすぐれた合金が発明されたが，果たしてそれは「同系統の理論を基礎として」であったであろうか？ また，三島・本多両研究グループの成果を比較するに際して，一方は工学部に属する一研究室であり，他方はもっぱら研究を目的として設置された付置研究所で，研究従事者の数にも違いがあることを念頭におくべきである．

勝木論文「KS磁石鋼の発明過程」

『本多光太郎伝』をどう読むか？

KS鋼の開発過程についてはすでに述べたように勝木 渥による詳細な研究があり『科学史研究』に2報，計26ページにわたる報告[2)3)]がある．関連文献の調査はもとより関係者とのインタビューの結果を踏まえ，時として相反するデータのいずれが信頼できるかの評価をした上で書かれた綿密なものである．勝木は本多記念会刊行の石川悌次郎著『本多光太郎伝』[13)]について次のように述べている．

> … 石川の心眼に映じた本多像を見事に形象しえたという点において，伝記小説としては傑作の部類に属する．余りに傑作なものだから，誤ってそれを資料的学術文献とみなして，科学技術史家たちがその中の記述を学術的労作の中に資料として引用したことがあるほどである．しかし，この「伝記」はあくまで伝記小説・大衆的読み物であって，これを（特に記述内容をそのまま史実とみなして）科学史・技術史研究上の史料として引用すべきものではない．…

木内修一をめぐって

勝木は第2報[3]の末尾に付録として約1ページの分量の「MK鋼の発明過程に関する一資料」を添付している．その内容は要約以下のとおりである．

> 木内修一なる人物（1931年東大物理卒）が三島徳七の助手としてMK鋼の発明に深く関わり，三島との間に「特許は三島単独で取るが，学術発表は二人の連名で行うと約束した」という合意があったにもかかわらずそれが破られ，木内は失意のうちに死去した．木内は村川絜（東大航空研）に「木内がMK磁石の真の発明者であったことを発表してほしい」と言い残した．勝木は1982年12月に村川に会い，上記の内容のメモを受け取った．

勝木が信州大学を定年退職した機会に作成した全3冊の論文集『我が炊夢裡の彷徨』には，科学史研究に発表した論文[3]も収録されているが，上記の「MK鋼の発明過程に関する一資料」の部分は「採録不適切につき削除」と書いて空白になっている．その理由をたずねたところ，

1) 木内の東大卒業は1932年であって，村川メモにある1931年ではない．他方MK鋼の特許出願は1931年7月30日で，木内が三島研究室でそれを発見し三島が発表するというシナリオは時間的に無理である．
2) 木内，村川をそれぞれ知る人たちの中には「おかしな人」，「大言壮語癖のある人」など人格的に信頼できないことを匂わせる表現をする人もいる．

などの理由で「村川メモは疑わしい，との見解に達した．『科学史研究』の論文に村川メモを添えたのは今にして思えば慎重さを欠いた軽率きわまるものだった」旨の返事をいただいた．

私自身も村川メモの信憑性を確かめるため，東大工冶金の三島研究室あるいはその流れを汲む研究室に昭和20年代から30年代に教職員あるいは学生として在籍した数名の人々に村川メモを示し，三島徳七の研究に協力した人に関する情報を求めたが，特段の情報は得られなかった．協力者としては藤島，北野など前出の数人の名前などが挙がったが，木内の名を知る人はいなかった．

木内の名前は前述の増本量の回想中[11]に，

… 木内修一博士が X 線解析法によって詳細に研究された結果，二相分離型であることが明らかとなった．

と出てくる．また岩瀬慶三の本[15)]にも以下のように記されている．

　磁石の状態図的研究を最初に行ったのは故木内修一博士で東大航研時代から初まり，東北大金研在職時まで続き金属学会1939年10月，1940年並10月及1941年4月の各講演概要集に発表されており，いづれも要所要所は小生の指導で行なわれた．

木内修一の履歴に関する情報を各種の資料から拾うと以下のようである．
＊旧制二高卒業（白川勇記と同期）（白川から勝木に宛てた私信による）
＊昭和7年3月東大理物理卒，同年4月東大航空研研究生として入所，同年11月東大工冶金学教室にて研究，のちに信州大学繊維学部教授，昭和28年3月死去（勝木調査による）
＊理化学研究所より東北大金研へ研究生として派遣（増本 量による[12)]）
＊昭和16年5月に東北大金研助教授に就任，同19年3月転出（『金研五十年史』による）
また，同氏の研究論文には以下のものがある．
『航研彙報（J. Aero. Res. Inst. Tokyo）』**152** 巻 (1937) 179.
『東京帝国大学航空研究所報告』**14** (1939) 563；**15** (1940) 601；**16** (1941) 271.
　これらの論文はいずれも Fe-Ni-Al 合金の組織，状態図，変態を X 線回折法を主たる実験方法として研究した結果を述べたものである．A.Bradley and A.Taylor など同時期に研究を行っていた海外の研究者によっても引用されている．また，最近刊行されている3元合金状態図集（*"Handbook of Ternary Alloy Phase Diagrams"*, Materials Park, OH: ASM International, 1995）にも言及されている．上記の航研彙報の論文には，

　さて数年前三島徳七博士の発明せられたるニッケル−アルミニウム強磁石鋼はその抗磁力が大なるものであって小型の磁石で大きな磁束を得るのに適しているものであるが…

とあり，村川メモが示唆するような「MK鋼発明への関与」を匂わせる記述は全くない．したがって村川メモも信頼できない（すべきでない）というべきであろう．

材料学的にみた3種の磁石鋼

　岩瀬慶三の批判にあるように，本多，三島の両者とも特許は申請したが発明した磁石鋼に関する学術論文は極めて少ない．本多の場合には前述のように東北大学理科報告にKS，新KS鋼についてそれぞれ1編の論文があるが，おもに磁気的性質に関するデータが中心で，材料学的な記述は少ない．三島の場合は鉄鋼協会講演大会で講演発表（昭和7年4月）したとのことであるが，論文の形で発表したものがあるか否か明らかでない．これらの磁石の材料学的特性については，特許権の実施とともに諸外国でも研究が行われ論文が発表された．これらについての詳細は『金属』などにかつて掲載された解説など[16)][17)]を参照していただくこととして，ここではごく簡単に述べる．

　KS鋼は「焼入れ硬化磁石鋼」に分類される．「焼入れ硬化磁石鋼」とは1%程度の炭素を含む過共析鋼をオーステナイト相領域から焼入れ，マルテンサイト変態を起こさせたもので，残留オーステナイトの存在により抗磁力が高くなるが，余り多すぎると残留磁束密度が低くなるので最良の磁石特性を得るために適切な熱処理をする必要がある．なお，中鉢，日口の解説[16)]には上述の木内修一のFe-Al-Ni合金に関する研究が文献としてあげてあることを付記しておきたい．

　一方，MK鋼，新KS鋼など現在ではアルニコ磁石（主要添加合金元素，Al, Ni, Coに由来する）と総称されるものは「析出硬化磁石合金」に分類される．高温では均一なα相がスピノーダル分解によりFe-Coに富んだα相とNiAlに富んだα'相に分かれる．新KS鋼という名称は「KS鋼を改良したもの」という印象を与えかねないが，材料学的にはMK鋼を改良したものである．MK鋼の特許を侵害しないようにAlの添加を極力抑えようとしたがうまく行かなかったことは上に述べたとおりである．特許係争において軍の介入により和解したので最終決着には至らなかったものの新KS鋼特許を主張した東北大学金研が優勢であったことは学問的には不可解で，鉄の神様ともいわれた本多光太郎の剛腕，政治力によると見る人も多い．

なお，20世紀における固体物理学の発展を詳細にレビューした本[18]の中に，"Magnetism and Magnetic Materials"（Stephen T.Keith and Pierre Quedec）なる興味深い1章があり，物理学としての磁性に関する理解の発展と強力磁石開発の関連についての記述がある．興味ある向きはぜひご一読されることを薦めたい．

真相は藪の中？

KS鋼，MK鋼，新KS鋼の開発に直接たずさわった人，そのころの事情に詳しい人々がほとんど故人となった今，「真実」を明らかにすることは難しい．当人の回想もかなりの年月を隔ててから書かれたものがほとんどで，思い違いや遠慮もあるだろうし，意識的に自分に都合がいいように述べる場合もあり得る．KS鋼の場合の本多と高木の記憶が異なること，MK鋼の発明の契機となった現象の最初の観察者は誰か？ 新KS鋼開発における白川の無念さの実態は？ など疑問が多く残る．学術論文がほとんどないことも相俟って，真相は藪の中である．石川悌次郎著『本多光太郎伝』の資料的価値（信頼性）については勝木が詳細な検討を行った[3]ことはすでに述べた．同じ著者による『増本 量伝』は増本の存命中に執筆されたもので，当然本人の口述や提供された資料を基にしているはずである．したがって，本人に関するデータの信頼性は高いけれども，新KS鋼の発明の経緯などに関しては客観性に乏しい．たとえば上述の白川の思いを匂わせる記述はまったくない．

ところで，日本の工業所有権制度が創設100周年を迎えた1985年4月に，これを記念して日本の偉大なる発明者10名が選ばれ顕彰された[19]．その氏名と業績は表5.1のとおりで，本多，三島はともに名を連ねている．

本多，三島はともにすぐれた材料を発明しただけではなく，協力研究者を企業に送り込んで生産を

表5.1 日本の偉大なる発明者10名の氏名と業績[19]

発明者	発明内容
豊田佐吉	木製人力織機
高峰譲吉	アドレナリン
鈴木梅太郎	ビタミンB_1
本多光太郎	KS鋼
丹羽保次郎	写真電送方式
御木本幸吉	養殖真珠
池田菊苗	グルタミン酸ソーダ
杉本京太	邦文タイプライター
八木秀次	八木アンテナ
三島徳七	MK磁石鋼

立ち上げ大きな成果をあげた．現在進行しつつある大学の独立行政法人化において理想とされる大学教授像の典型であろうか？でも気になるのは岩瀬慶三の「特許競争にうつつを抜かし，学問的解明をなおざりにした」という批判である．21世紀の大学がどのように変貌し，どんな人材を生み出してゆくか，大いなる関心を持って見守って行きたい．

【参考文献】

1) 松尾博志：武井 武と独創の群像，工業調査会 (2000).
2) 勝木 渥：KS磁石鋼の発明過程（Ⅰ），科学史研究，**23** (1984) 96.
3) 勝木 渥：KS磁石鋼の発明過程（Ⅱ），科学史研究，**23** (1984) 150.
4) 河宮信郎：本多光太郎の研究，金属，**48** (1978) 76.
5) 河宮信郎：本多光太郎の研究 その中間報告，金属，**50** (1980) 150.
6) 星野芳郎：現代日本技術史概説，大日本図書 (1956).
7) 東北金属工業五十年史，㈱トーキン (1988).
8) 住友特殊金属三十年史，㈱住友特殊金属 (1995).
9) 村上武次郎：故高木 弘君の業績を偲ぶ，柳沢七郎：高木 弘さんを偲ぶ，研友 No.26 (1967).（『研友』は東北大金研の同窓会誌）．
10) 三島良直：鉄の人物史-10 三島徳七，ふぇらむ，**6** (2001) 697.
11) 三島先生を偲んで，同書刊行委員会，1977年11月．
12) 石川悌次郎：増本 量伝，誠文堂新光社 (1976).
13) 石川悌次郎：本多光太郎伝，本多記念会，(1964).
14) 岩瀬先生の御業績と回想，追悼記念事業会（非売品），(1983).
15) 岩瀬慶三：大学教授の随想，（非売品），(1975).
16) 中鉢光雄，日口 章：NKS磁石とアルニコ磁石，金属，**27** (1957) 362.
17) 木村康夫：永久磁石材料の歴史，鋳造工学，**68** (1996) 265.
18) S.T.Keith and P.Quedec: Magnetism and Magnetic Materials, *Out of the Crystal Maze — Chapters from the History of Solid-State Physics*, Edited by L.Hoddeson, E.Braun, J.Teichmann and S.Weart, Oxford University Press (1992).
19) 日本の偉大なる発明者，工業所有権制度百周年記念行事委員会，発明，**82** (1985) No.5, 44.

6
原子仮説の確立過程
― かつて化学者は気体構造をどのように考えたか？

世界に大異変が起こるとしたとき次世代に残すべき情報は何か？

　もしも今何か大異変が起こって，科学的知識が全部なくなってしまい，たった一つの文章だけしか次の時代の生物に伝えられないということになったとしたら，最小の語数で最大の情報を与えるのはどんなことだろうか．私の考えでは，それは**原子仮説**（**原子事実**，その他，好きな名前で呼んでよい）だろうと思う．すなわち，**すべてのものはアトム**― **永久に動き回っている小さな粒で，近い距離では互いに引きあうが，あまり近付くと互いに反撥する** ― **からできている**，というのである．これに少し洞察と思考を加えるならば，この文の中に，我々の自然界に関して実に**膨大**な情報量が含まれていることがわかる．

　これは著名な物理学教科書『ファインマン物理学』[1]の始めの方に書かれている一文で，1965年のノーベル賞受賞講演でもファインマンは同じ主旨のことを述べている．

物質三態における原子配列の特徴

　しばらく彼の教科書の記述を抜粋借用して話を続けることにしよう．
　図 6.1 は常温における水の状況を 10 億倍にして描いたものである．簡単化のために粒は 2 次元的にならんでいるように模式的に描いてあるが，もちろん粒は 3 次元的に動きまわっている．酸素の原子と水素の原子とをあらわすために，黒と白の 2 種類の「マル粒」が使ってあって，一つの酸素には二つの水素

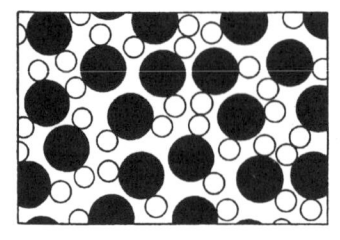

図 6.1 水を10億倍して描いたもの [1]

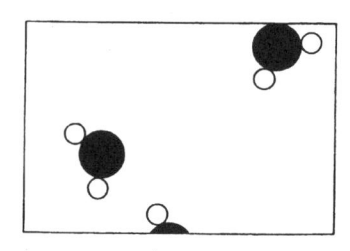

図 6.2 水蒸気 [1]

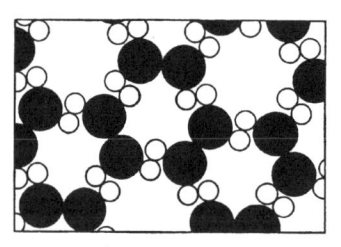

図 6.3 氷 [1]

が結びついている.

温度を上げていくと分子のふるえ運動（これを我々は**熱**という言葉で言い表す）は烈しくなり，アトムとアトムの間の隙間が大きくなり，ついには分子間の引力ではそれらを一緒にひきつけておくことができなくなり分子は**飛び散**って互いにはなればなれになり蒸気という状態になる．図 6.2 は蒸気の画である．普通の大気圧のもとではこの囲みに相当する大きさの中にある蒸気分子の数はほんの僅かで，その中には分子が一つも入っていないのが普通であるが，そうすると真っ白な図になってしまうので，この図には（たまたま）二つ半の分子があるように描いてある．もちろん，分子は休みなく飛び回っており，これはある瞬間の静止画と見てほしい.

一方，図 6.1 の状態から出発して温度を下げていったらどうなるか？ 分子のふるえ運動は次第に衰えて，アトム間の引力の影響が強まり，新しい配列状態が形成される．これが氷である．図 6.3 の模型図は 2 次元的に描いてあるので厳密には正しくないが，定性的にはまず正しいといってよい，大切なことはこの氷においては，**あらゆるアトムの位置がちゃんと決まってしまっている**ことである．水の場合（図 6.1）には，アトムは皆四方八方に活発に動き回っており，蒸気あるいは気体（図 6.2）の場合ほどではないにしても，原子配列は時々刻々変化している．固体（氷）と液体（水）の違いは，固体ではアトムは結晶配列と呼ばれるある配列を取っていて，結晶の一端におけるアトムの位置は，何百万アトムとはなれている他端のアトムの位置によって決まってしまうのである.

もっとも，読者の多くは，「多結晶」，「格子欠陥」などの高次構造の概念を

よくご存知で，そうでもないとお考えだろうが，ここしばらくは理想完全結晶を念頭において話を進めることにしよう．ここに示してある氷の結晶模様には「穴」がたくさんあいているが，ほんものの氷の構造もこれと同じである．この組織がこわれるとこれらの穴に分子が入り込んでくる．水が氷になるとき体積が約10％増加するのはこのためである．

もっとも，大部分の金属単体元素の場合には，結晶固体は球を最密に詰めた状態になり，凝固により体積は減少する．たとえば，Al, Cu, Ag, Auの体積減少率は，6.0, 4.15, 3.8, 5.1％である．単一元素でも半金属といわれるBiやSbのように最密充填の構造をとらない結晶では水と同じように凝固により体積増加（それぞれ3.35, 0.95％）が起こる．また，半導体であるGeとSiはそれぞれ4配位の共有結合により，いわゆるダイアモンド構造と呼ばれる空隙の多い固体をつくり，それぞれ5％，9.6％の体積増を示す．このような，液体→固体の際の体積増減はさておくことにすると，ここに述べたH_2Oの三つの状態：固体，液体，気体における原子あるいは分子の配列の特徴はすべての物質に共通するものである．すなわち，以下のように述べることができる．

1) 固体においては，原子あるいは分子は整然と配列した結晶を構成している．その構造は時間的にはほとんど変化しない．
2) 気体では，原子あるいは分子は広い空間にまばらに存在し，相互にほとんど無関係に飛び交っている．
3) 液体では，つまり具合は固体の場合と少し異なるが（物質により疎であることも密であることもあるが）原子あるいは分子は緩やかに（気体の場合とは比べものにならないほど遅いが）動き回り，時々刻々構造が変化している．

気体の格子理論：化学の歴史において忘れられたあるエピソード
（メンドーザの論文から）

上に述べた気体の構造に関する描像は，まさに現代広く受け入れられている気体分子運動論の根幹ともいうべきものである．ところが，メンドーザ（E. Mendoza）[2]によれば，1770年からおよそ1860年（カールスルーエ国際化学会議［後出］の開催年）ころまでの間に活躍した化学者の多くは気体の格子理論（The Lattice Theory of Gases）を認めていたという．この理論においては，

「気体中の原子（または分子）は規則的な格子配列をしており，あたかも固体における原子配列をそのまま拡大したものとみなすことができる，ただし，固体においては原子間には引力が働いているが，気体においては反発力が働いてこれが気体容器の壁に圧力を及ぼしている」というのである．ラボァジェ (Lavoisier)，ドルトン (Dalton)，アンペール (Ampère)，アヴォガドロ (Avogadro) などの著名な化学者もこうした考え方を受け入れていた．化学史をひもとくと，18 世紀後半における思想の混乱には困惑を覚えざるをえない．シュタール（G.E.Stahl；1660-1734，ドイツの医学者・化学者）が唱導したフロギストン説[注1]，ラボァジェが唱えたカロリック説[注2] が燃焼現象を説明する理論として受け入れられており，熱を分子運動と関連付ける考え方が一般的になるのはずっと後のことである．メンドーザの論文[2]には，この頃の化学者が気体の構造を描いた図が掲載されているので，それらを眺めながら原子仮説の成立過程を概観しよう．

ボイルの原子

図 6.4 は「化学の父」とも呼ばれるボイル (R.Boyle；1627-91) が 1662 年に描いたとされるものである．「原子は空間を占め，圧力に耐え，体積を変化させることができる」ことから，原子は時計のスプリングのようにコイルを

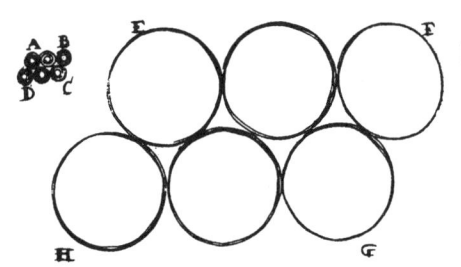

図 6.4
ボイルが描いた「高圧下の空気の粒子（ABCD）とより低い圧力下の空気の粒子（EFGH）」[2]
(出典：R.Boyle："An Explication of Rarefaction", In *"A Defence of the Doctrine Touching the Spring of Air"* Robinson,Oxford, p.94 and Figure 4)

[注1] phlogiston：炎を意味する pholox の原素の意．金属中にはフロギストンという重さのない元素ないしは物質が含まれており，熱した金属が金属灰になるのはフロギストンが逃げさったため，とする仮説．

[注2] 熱は重さのない流体で，どんな過程でも増減しないとする仮説．カロリックと呼ばれるものがあり，それが物質と結合するとガスになり，それが活動的空気（酸素）から遊離するのが燃焼の際に生ずる光や熱であると説明する．

6. 原子仮説の確立過程　69

図 6.5 ラボァジェの弟子 F. ジョッセが描いた「固体, 液体, 気体中の原子」Shaded areas はカロリック (carolic) を表す[2)]
(出典：F.Josse：*"De La Chaleur Animale"* Paris, 1801, fronticepiece)

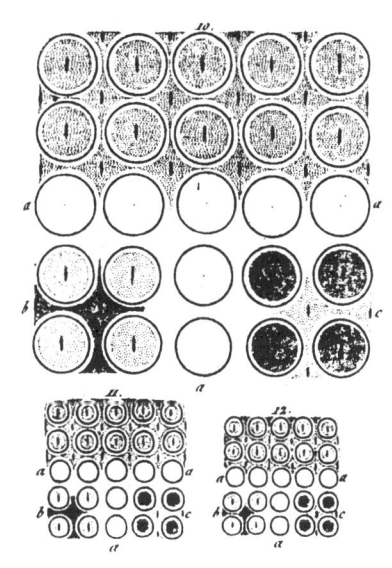

ラボァジェ夫妻（ダヴィッド画）

巻いていて, ある軸の周りに回転し, ばね性に富む小球であろうと想像した. 高圧下（ABCD）と低圧下（EFGH）の状況が描かれている.

　ニュートンはその著, 『プリンピキア』(1687) において, 空気が「巻きついた輪」の粒子から構成されているという考え方は退け, 気体は隣接する原子同士が反発力で構造を保っている「弾性流体」であると提案した. 気体の静的構造を長期間にわたって多くの人々に信じさせる上で, ニュートンの権威は大きな影響力をもった.

　ラボァジェ自身は物質中の原子配列を描いて見せたことはなかったが弟子の一人であるフランソワ・ジョッセ（François Josse）による気体, 液体, 固体中の原子が図6.5である. 図に描きこまれた灰色あるいは黒色は「熱素(caloric)」を表しており, それは原子の内部に局在したり, 格子間隙に入り込んだり, 原子間の結合の役割を果たしている場合もあるようにみえる. ボイルの図と同じ

ように，気体状態においても原子が規則配列しているように描かれていることに注意したい．なお，ラボァジェ（A.L.Lavoisier; 1743-94）はフランスの化学者・物理学者・地学者・行政官であり，法科大学を卒業したが気象・地質・天文・化学に熱中した．1770年に燃焼に関する実験を始め，1783年にはフロギストン説批判の論文を発表している．しかし，その後も熱素（caloric）を光素とともに元素表中に記しており，図6.5にも熱素が描かれている．ラボァジェはフランス大革命の時期にも科学および行政上の指導的立場を放棄しなかった．しかし，徴税人などの職歴が罪科とみなされて，パリの革命広場（コンコルド広場）で断頭台の露と消えた[3][4]．

古代ギリシャの原子

古代ギリシャの哲学者レウキッポスとその弟子デモクリトスは，最も古い原子論者といわれている．彼らは物質を分割して行くとそれ以上は分割不可能な終局的微粒子に到達すると考え，これを「アトモス」と呼んだ．Atomの語源である．また，古代ローマの詩人ルクレチウスは『自然の本性について（De Rerum Natura）』という長編の詩の中で，原子説に基づいていろいろな現象をわかりやすく，また美しく表現した．しかしこれらにおける原子は哲学的思索の産物として生まれた抽象的な微粒子に過ぎなかった．

ドルトンの原子

ニュートンの原子説に影響を受けたドルトン（J.Dalton; 1766-1844）は，1808年『化学の新体系』を著し原子説を提案し，近代化学の基礎をつくった．ドルトンの原子がそれ以前の原子と根本的に違っている所以はそれが一定の重さや容積を持つ実体的な粒子であることである．彼はニュートンの弾性流体説を出発点としたが，当時すでにプリーストリーの研究により，気体の比重は種類により異なることが知られていた．弾性流体説に立てば，一番重い酸素が大気の底に集まってくるはずである．ドルトンは混合気体において重い気体が底へ沈まないのは，図6.6に示すように原子には羽根があって一定の空間

ドルトン

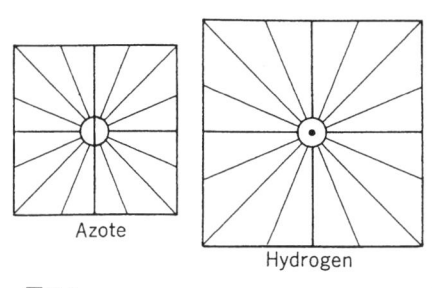

図 6.6
ドルトンが考えた原子の大きさの差異[3]

図 6.7
ドルトンが描いた「酸素と窒素ガス中の原子の図」[2]
(出典：J.Dalton:*"Mem. Manchester Lit. Phil. Soc."*, 1802, 5, 535-602 and Plate 8)

を占めている粒子であり，原子の種類によりその大きさが異なると考えた．図6.7もやはりドルトンによるものである．酸素と窒素（azote）の「格子定数」が異なることに留意されたい．このような「気体格子」モデルでは，拡散現象は分子がゆっくりと滑りあって二つの格子が次第に相手の格子中へと相互に侵入（penetrate）することにより起こると説明された．

化学の三つの基本則とドルトンの原子説

ドルトンの原子説は以下の3基本則を前提として化学に関する諸知識を統一的に説明するものとして提案された．

1) 質量不変の法則 「化学変化の前後で，その変化にあずかる物質の質量は変化しない」（ラボァジェ）
2) 定比例の法則 「ある物質は他の物質といつも決まった重さの比で反応する」（プルースト[J.L.Proust; 1754-1826]）
3) 倍数比例の法則 「ある元素が他の元素と化合して2種以上の化合物を作るときに，一つの元素の同じ量と化合する他の元素の量は，簡単な整数比をなしている（たとえば，炭素と酸素の場合 CO と CO_2 だから $1:2$ となる）」（ドルトン）

ドルトンは以上のことから「化合する二つの物質がそれぞれ，それ以上分けることのできない粒子（アトム）の集まりであって，両方の物質の化合は，それ

らの粒子の結合である」と仮定した．しかし，
　a) 実際には2個の原子が結合して2原子分子の形で存在している酸素, 窒素, 水素, 塩素のような単体の気体粒子は，単一の原子のままで存在している．
　b) XおよびYという二つの単体からなる化合物が一種類しか知られていない場合は，その化合物の分子式をXYとし，二つの化合物が知られている場合には一方をXY，他方はXXYあるいはXYYのいずれかである．

という二つの簡単化しすぎた仮定をおいたため原子量の決定に際して種々の矛盾と混乱が生じた．

ゲイ・リュサックの気体反応の法則

　とくにドルトンを困惑させたのは，ゲイ・リュサック（J.L.Gay-Lussac; 1778–1850）が見出した気体反応の法則「反応前後の物質がすべて気体である場合には，それらの質量だけでなく体積の上でも簡単な関係がある」ことであった．具体的には，圧力と温度が一定の条件下で2ccの水素と1ccの酸素が化合して2ccの水蒸気ができる．この体積の関係を
　a) 2（水素）＋1（酸素）＝2（水蒸気）
　　　という式で表すことにしよう．同様にして以下のような諸式が書ける．
　b) 1（水素）＋1（塩素）＝2（塩化水素）
　c) 3（水素）＋1（窒素）＝2（アンモニア）
　d) 1（一酸化炭素）＋1（塩素）＝1（カルボニル塩化物）
　e) 2（エタン）＋7（酸素）＝4（炭酸）＋6（水蒸気）

一見したところでは何の規則性もなさそうである．体積に変化がないもの，膨張するもの，収縮するものもある．しかし，これらの「単純さ」には偶然とは片付けられない何かがありそうである．それは何か？

アヴォガドロの分子説

　最も簡明な解釈は「同じ体積中には同数の粒子が含まれる」とすることである．この解釈には賛意を表する人もいたが，ドルトンが強く反対した．もし，上記のb)の場合をドルトンの立場で見ると，
　1個の水素粒子＋1個の塩素粒子＝2個の塩化水素粒子
ということになる．とすると，1個の塩化水素粒子には0.5個の水素粒子が

6. 原子仮説の確立過程　73

アヴォガドロ

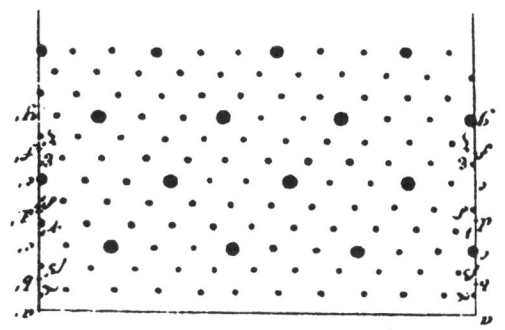

図 6.8 アヴォガドロが描いた気体中の原子配列[2]
（出典：A. Avogadro: *"Ficica de'corpi ponderabili"*, Stamperia Reale Torino, 1838；Vol.2, p.543 and Figure 75）

含まれることになり，ドルトンのいう「アトム」（それ以上は分割できないはずの）を 2 分しなければならないことになる．この問題はイタリアの物理学者アヴォガドロ（A.Avogadro；1776-1856）が分子と原子の別を考えることを提案し解決した．

「どんな気体でも，同じ温度，同じ圧力のもとでは，同じ体積の気体は，すべて同じ数の粒子を含んでいる」この粒子が分子と呼ばれるものである．分子が偶数個の原子により構成されていれば，2 分割は可能である．これはアヴォガドロの「仮説」と呼ばれ，「法則」といわれないのは，誰もそれを実証したことがないからである．後年，気体分子運動論からそれに類するものを導くことはできるようになり，その正しさにはほとんど疑いの余地はないが，なお「仮説」という呼び方が妥当と思われる．

この論文は 1811 年，フランスの科学雑誌 *"Journal de Physique"* に発表されたが，難解であったこともありほとんど注目されず，その没後に弟子のカニツァーロがカールスルーエ国際化学会議での講演で紹介し，約 50 年後に日の目を浴びることになった．

図 6.8 はアヴォガドロが 1838 年に出版した教科書にあるもので，気体中の分子の配列を描いている．分子を表すドットの大きさが異なっているのは特別な理由はなく，分子間隔が 3 倍に広がると一つの分子当たりの面積（体積）が 9 倍（27 倍）に変わることを説明するための便宜上だそうである．アヴォガドロ

は読者の幾何学的理解力をあまり信用していなかったらしい．

カールスルーエ国際化学会議

　1860年9月，当時ゲント大学教授であったケクレ（A.Kekule；1829-96）の発案により表記の国際会議が開催された．同年6月15日付でヨーロッパ諸国の化学者に発送された招待状には次のように記されている．

> 　近年，化学は目覚しい発展を遂げておりますが，同時に理論上の食い違いも目立ってまいりました．化学のこれからの進歩という観点からしますと，いまこそいくつかの重要な問題について議論すべき時だと思います．… ご参集いただける方々の自由で徹底的な討論によって，次のいくつかの点に合意が得られればと存じます．
> * 原子（atom），分子（molecule），当量，原子度（atomic），塩基度（basic）という語で表現されるような化学上の重要な概念をどのように定義するのか．
> * 当量と化学式にかかわる諸問題についての検討．
> * 表記法と統一的な命名法の制定について．

　交通も郵便もすべて鉄道輸送に頼らなければならない時代に国際会議を開くことは，今日では想像もできないほど困難なことであったが，1860年9月3日から3日間にわたってカールスルーエの州議事堂第2会議室で開かれたこの会議には，ドイツ，フランス，英国，ロシアなどヨーロッパの諸国から約140

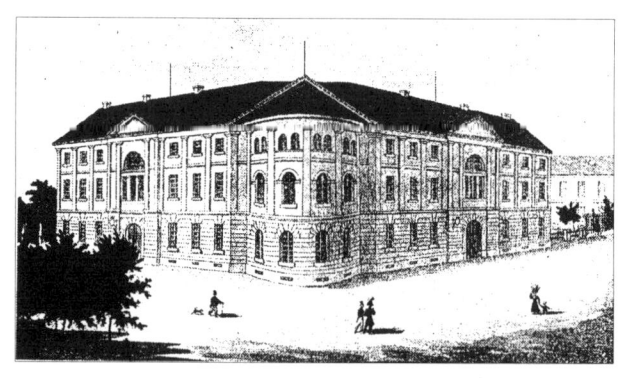

図6.9 カールスルーエ議事堂の建物 [8]

6. 原子仮説の確立過程　75

図 6.10　カールスルーエ議事堂第 2 会議室 [8]

名の化学者が参加した．その会議の様子は，邦文の書籍のいくつか [5]〜[7] や Open University の教材 [8] に紹介されている．また，Mary Jo Nye 編集による化学論文の原典を集めた "The Question of the Atom" [9] には詳しい報告が掲載されている．当時の有力な大学者，次世代をになう中堅・新進の学者たちによって熱心な議論が行われたが，今日の国際会議と違って，予稿集や視聴覚機器が完備していなかった状況のもとでは十分な意思疎通は困難であったようである．

参会者の一人に 32 歳のイタリアの化学者 カニツァーロ（S.Cannizzaro；1826-1910）がいた．彼はジェノア大学の化学の講義を担当し，アヴォガドロの信奉者としてその理論を数年にわたって講じてきたのであった．最終日に行われた彼の講演は熱のこもったものであったが，その場における聴衆の反応は今ひとつであった．会議の最後に彼は『化学哲学概論（Sketch of Chemical Philosophy）』と題するパンフレットを聴衆に配布した．これは 2 年前にイタリアの雑誌 "Il

図 6.11　カニツァーロとその論文別刷の表紙 [8]

Nuovo Cimento" に "*Sunto di un Corso di Filosofia chimica*" と題して投稿した論文の別刷で，大学における講義の要約と各種の図表を含むものであり，口頭発表よりはるかに明瞭にその意図を伝え得るものであった．

パンフレットを受け取った一人，マイヤー（J. L.Meyer; 1830-95）は会議からの帰途それに目を通した．その感想を以下のように述べている．

マイヤー[8]

　　　　　　　　　　私はそれを繰り返し繰り返し読んだ．そしてこの小論文が我々の討論の主要な課題をくっきりと照らし出していることに驚嘆した．眼から鱗が落ち，懐疑は消滅し，冷静な確信が生まれた．争点を明確に整理し，頭を冷やすことができたのは，まさにこのカニツァーロの小冊子のおかげであった．会議参加者の多くも同様に感じたはずである．戦いの潮は引き始めたのである．アヴォガドロとデュロン・プティの法則の見かけ上の不一致もカニツァーロにより説明され，ともに有効に利用できることが示されたのである．

1864年マイヤーは，"*Die modernen Theorien der Chemie*" と題する化学の教科書を著し，アヴォガドロとカニツァーロの方法の復活・普及に力をつくした．またメンデレーエフは以下のように回想している[5]．

　周期律についての私の思考を発展させる決定的瞬間を与えたのは，1860年のカールスルーエ化学者会議と，その席上イタリアの化学者カニツァーロによって原子量が明確にされたことで，これが研究の始点となった．

気体分子運動論の歩み

「何度も繰り返して同じ話を聞かされていると，遂にはそれが動かし難い真実であり，疑う余地がないと思い込むようになる」とどこかで読んだ気がする．私にとって気体運動論はまさにそのようなもので，かって多くの偉大な化学者たちが「気体中では原子（あるいは分子）が静止して格子を組んでいる」というイメージを抱いていたというメンドーザの論文[2]には衝撃を覚え，それがこの稿を草するきっかけとなった．しかし，フロギストン説あるいはカロリック

説を受け入れるならば，当然の帰結であったと納得せざるを得ない．

以下では恒藤敏彦が訳書『ボルツマン』[10]の追補として記した一文を参考に気体運動論の発展史を略述する．

ボイル（1660）やニュートン（1687）の静的気体モデルに対して，ベルヌイ（1738）は動的モデル（運動する粒子が壁に衝突し圧力を与える）を提案し，19世紀前半にもヘラパス（1821）らによる論文が発表されたが，気体運動論が広く世に認識さ

ボルツマン

れだしたのはクレーニッヒ（1856），クラジウス（1857）の仕事である．

クラジウスは「熱と呼ばれる種類の運動について」と題する長い論文を発表し，気体運動論の基本的考え方を明快に展開し，分子がすべて平均の速度で運動するという近似で種々の計算を行い，1858年には平均自由行路という概念を導入し本格的な理論に仕上げた．無数のミクロな粒子の無秩序運動を扱う方法として確率論を導入し気体運動論に飛躍をもたらしたのは1859年のマックスウェルの研究であった．この頃から研究は盛んになり，クラジウスの熱伝導に関する研究（1862），マイヤーによる粘性の研究（1865）が行われ，気体運動論から理論的に導かれる輸送現象に関連する物理量，気体の熱伝導率・拡散係数・粘性係数を実験的に確かめる研究も行われた．シュテファン，ロシュミットらこの分野の研究が盛んであったウィーン大学に学んだボルツマン（L.Boltzmann; 1844–1906）が気体運動論の研究を志したのは自然の成り行きであった．1866年「熱理論の第2法則の力学的意義について」という論文で学位を得た時は22歳であった．それ以後の彼の統計力学への貢献，エネルゲティーク（19世紀後半に熱力学の成功を背景に科学界を制圧した哲学思潮．原子論に対立）の立場にたつオストヴァルト，マッハとの抗争，それが原因の一つとされるボルツマンの自殺 …

科学思想史としても，また人物科学史としても興味深い話題が多いが，ここではカールスルーエ国際化学会議が開かれた1860年という年との前後関係を確認する意味で略述にとどめる．

【参考文献】

1) ファインマン, レイトン, サンズ著, 坪井忠二 訳：ファインマン物理学Ⅰ力学, 岩波書店 (1967).
2) Eric Mendoza：The Lattice Theory of Gases: A Neglected Episode in the History of Chemistry, Journal of Chemical Education, **67** (1990) 1040.
3) 渡辺 啓, 竹内敬人：読みきり化学史, 東京書籍, (1987).
4) エドアール・グリモー著, 江上不二夫 訳：ラボァジエ伝, 白水社 (1941).
5) 筏 英之：百万人の化学史—「原子」神話から実態へ—, アグネ承風社 (1989).
6) 化学史学会 編：原子論・分子論の原典 3, 学会出版センター (1993).
7) 松岡敬一郎, 藤村みつ子：化学の形成, 霞ヶ関出版 (1996).
8) *The Structure of Chemistry, (Prepared for an Open University Course Team)*, [*Science: A Third Level Course, The Nature of Chemistry*] The Open University Press (1976).
9) Mary Jo Nye (selected and introduced by)：*The Question of the Atom: from the Karlsruhe Congress to the First Solvay Conference, 1860-1911*：a compilation of primary sources, Los Angeles, Tomash Publishers (1984).
10) E. ブローダ 著, 市井三郎, 恒藤敏彦 訳：ボルツマン, みすず書房 (1957).

7
レントゲンとX線の発見

　レントゲンによるX線の発見は偶然と幸運（セレンディピティ）に恵まれた事例としてしばしば引き合いに出される[1]．実際にどんな経緯で世紀の大発見が行われたのか，レントゲンとはどんな人物であったかなどについて関連書籍[2]〜[4]の記述に拠って以下に記してみたい．また日本におけるX線結晶学の発祥についても簡単にふれることにする．

レントゲンの生い立ちと経歴

　レントゲン（W.C.Röntgen；1845-1923）はドイツ北西部のレムシャイド-レンネップで1845年に生まれた（生家の近くには1932年に建てられ，1982年に開館50周年を記念して改装されたレントゲン博物館がある）．3歳の時オランダのアペルドンに引越し，ここで初等・中等教育を受け，1862年ユトレヒトの工業学校に入学した．数学，化学で優秀な成績を得ているが，物理学は不可で，中途退学となっている．級友の一人が教師の似顔絵をいたずらがきし，その犯人探しにレントゲンが協力を拒否したのが原因とされている．このため，オランダでの大学入学資格を得ることができなかったが，スイス，チューリッヒの工業

レントゲン
（X線発見の頃，50歳）[4]

専門学校（19世紀末に連邦立工科大学に昇格）に入学を許可され機械工学を学んだ．

　熱力学の大家クラジウスの工業物理学の講義に魅せられた彼は，1869年に3年間の機械工学課程を修了したのち，研究生として物理学を学んだ．1年間で学位論文「気体に関する研究」をまとめ Ph.D. を得ている．そして，クント教授（A.A.E.E.Kundt；1839-94）の助手に採用され，同教授のヴュルツブルグ大学（1870），ストラスブルグ大学（1872）への転勤にともなって一緒に移動した．レントゲンは1875年にシュッツガルト近くにあるホーヘンハイム農業大学から数学・物理学教授として招聘され赴任するが，実験装置が全くないため1年後にストラスブルグ大学へ助教授として復帰する．ここで気体の比熱・熱伝導・放電現象について15編の論文を執筆し，実験物理学者としての地位を確立した．

　1879年にはギーセン大学の物理学教授に招かれ，8年間にわたって充実した研究生活を送り，気体の圧縮・ピエゾ電気・圧縮率等に関して18編の論文を発表した．1888年にはコールラウシュの後任としてヴュルツブルグ大学物理学教授となり，1894年には同大学学長に就任した．

放電現象と陰極線

　排気されたガラス管内に金属電極を封入し，両極に電圧を加えると大気中よりはるかに低い電圧で放電を起こし，管内に蛍光現象を生ずることは17世紀中ごろから知られており多くの人々により研究された．

　1851年リュームコルフ（H.D.Ruhmkorfft；1803-77）は十数ボルトの蓄電池を用いて高電圧を発生する装置を考案し，その後の放電実験の際の高電圧電源として広く使用された．

　1869年，ヒットルフ（J.W.Hittorft；1824-1914）は蛍光を発するガラス壁と陰極の間にいろいろな物体を置くとその影がガラス壁に写ることを発見した．これは陰極から放射線のようなものが発生し，直進してガラス壁に衝突して蛍光を発するためと理解された．ゴールドシュタイン（E.Goldsteint；1850-1931）は1871年ごろからさらに詳しい実験を行った．いろいろな形の放電管，陰極を用いて実験した結果この線は陰極面に対して垂直に放出され，その性質は陰極の物質に関係なく同一であることを確認し，この放射線を陰極線と

7. レントゲンとX線の発見

図7.1 ヒットルフ管（左）とクルックス管（右）[4]

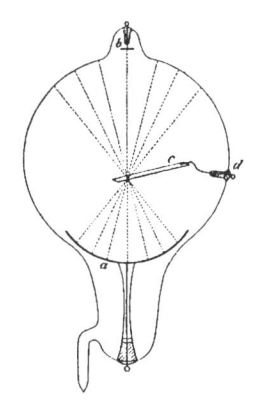

図7.2 クルックスの陰極線収束実験 [4]

名づけた.

　クルックス（W.Crookest；1832-1919）は化学者で，硫酸工場の残留物を研究しているとき分光分析によりTlを発見した人である．1875年ごろより陰極線の放電現象に興味をもつようになり多くの研究を行った．真空ポンプを改良し 10^{-3} Torr 程度まで管内の真空度を高めることに成功し，ヒットルフ管よりさらに高電圧で作動する放電管（クルックス管）を作った．クルックスは湾曲させた陰極を用い，その焦点に白金箔をおいて陰極線を当てると白熱することを見出し，この現象を写真撮影しようとしたが何回やり直しても写真乾板がかぶってしまい，ついに原因不明のまま断念した．のちになってこれがX線によるものと判明した．これはレントゲンによるX線発見に先立つこと15年前の出来事であった．

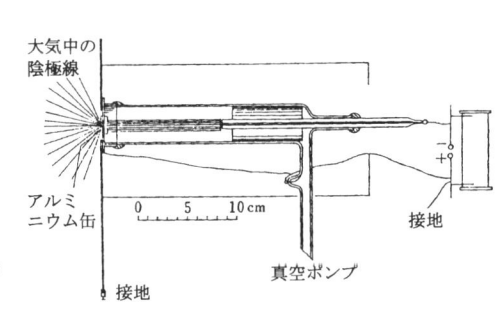

図7.3 レナルトの実験
　　　（陰極線を大気中に取り出すことに成功した）[4]

レナルト(P.E.A.von Lenardt；1862-1947)は1894年，アルミ箔(2.65μm厚)の窓を持つ放電管を作り，陰極線を空気中に数cm引き出すことに成功し，陰極線は物質を透過し，蛍光作用，写真作用があることを証明した．

X線の発見

レントゲンは陰極線を空気中に引き出すことに成功したというレナルトの実験に深い関心を示した．レナルトに依頼してアルミ箔を譲り受けるとともに，ミューラー社製作の最新型の窓付き放電管（レナルト管）を購入し，レナルトの実験を追試した．当初の目的は陰極線の本性を明らかにすることであったが，その実験の過程で新しい現象に気づいたのである．

レントゲンはアルミ窓のないすべてがガラス製の梨状のヒットルフ-クルックス管を黒のボール紙で覆い光が全く洩れないようにして暗闇の中で高圧放電を開始したところ，1mほど離れたところにある蛍光板（白金シアン化バリウムを塗布した厚紙）が光るのを認めた．これは1895年11月8日夕刻のことであった．その後の7週間，実験に没頭したレントゲンは1895年12月28日付でヴュルツブルグ物理・医学協会の会誌に「放射線の一新種について」と題する論文を印刷発表し，明けて正月にはその別刷りが諸国の著名な物理学者宛てに発送された．

1月初頭からドイツ国内はもちろん全世界の新聞や雑誌はレントゲンの発見を大々的に報じた．ある調査によれば1896年秋までに94篇の記事が出たという．日本では明治29（1896）年2月29日の『東京医事新誌』の「不透明体を通過する新光線の発見」と題する記事（図7.5）が最初とされている．これら多くの記事の中には全くの推測や空論に過ぎないもの，馬鹿げた話やでたらめな推論も少なくなく，間断なく新聞記者などの来訪に悩まされたこともあり，

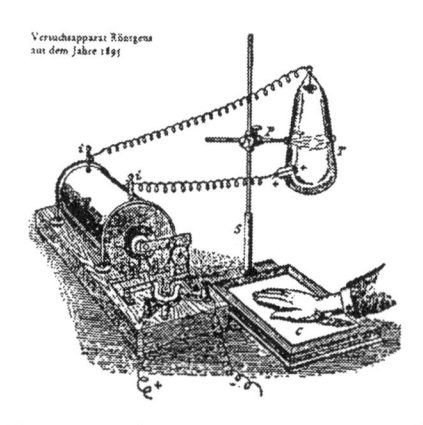

図7.4 レントゲンの用いた実験装置の構造図[3]

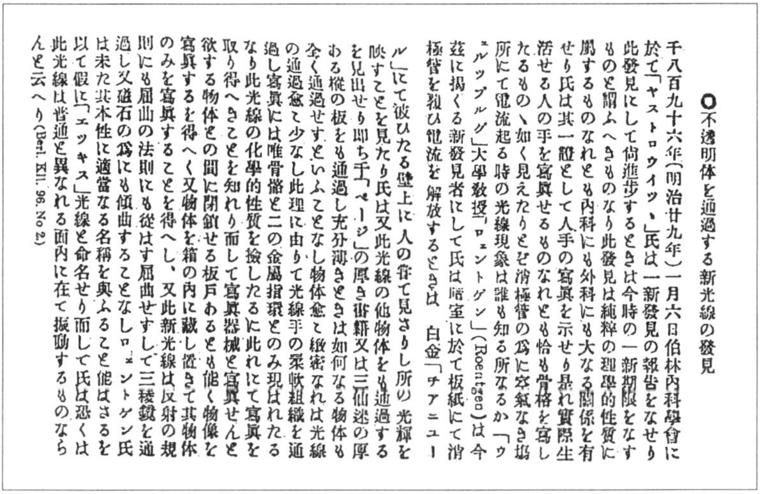

○不透明体を通過する新光線の發見

千八百九十六年（明治廿九年）一月六日伯林内科學會に於て「ヤストロウイッツ」氏は一新發見の報告をなせり此發見にして尚進歩するときは今時の一新期限をなすものと謂ふべきものなり此發見は純粋の理學的性質に關するものなれども内科にも外科にも大なる關係を有せり氏は其一證として人手の寫眞を示せり是れ實際生活せる人の手を寫眞せるものなれども恰も骨格を寫したるものゝ如く見えたりとぞ消極管の爲に空氣なき場所にて電流起る時の光線現象は誰も知る所なるか「ウユルツブルグ」大學教授「ロエントゲン」（Roentgen）は今茲に揭くる新發見者にして氏は暗室に於て板紙にて消極管を被ひ電流を解放するときは　白金「チアニユール」にて被ひたる壁上に人の曾て見さりし所の光輝を映すことを見たり氏は又此光線の他物体をも通過するを見出せり即ち千「ページ」の厚き書籍又は三仙迷の厚ある縦の板をも通過し充分薄きときは如何なる物体も全く通過せすといふことなし物体愈ゝ緻密なれは光線の通過愈ゝ少なし此理に由りて光線手の柔軟組織を通過し寫眞には唯骨骼と二の金屬指環とのみ現はれたるなり此光線の化學的性質を檢したるに此れにて寫眞を取り得へきことを知れり而して寫眞器械と寫眞せんと欲する物体との間に閉鎖せる板戸あるとも能く物像を寫眞するを得へく又物体を箱の内に藏し置きて其物体のみを寫眞することを得へし、又此新光線は反射の規則にも屈曲の法則にも從はす屈曲せすして三稜鏡を通過し又磁石の爲にも傾曲することなしロヱントゲン氏は未た其本性に適當なる名稱を與ふること能はさるを以て假に「エッキス」光線と命名せり而して氏は恐くは此光線は普通と異なれる面内に在て振動するものならんと云へり（Berl. Kll. 96. No 2.）

図 7.5『東京医事新誌』明治 29 年 2 月 29 日 [4)]

レントゲンはすっかりマスコミ嫌い，人嫌いになったようである．

X線の発見を報じた論文の要旨

この論文においてレントゲンは他の放射線と区別するため X 線という用語を用いている．17 節からなる論文の要旨をごく簡潔に以下に記す．

1) ヒットルフ管あるいはよく排気されたレナルト管，クルップ管を大きなリュームコルフ・コイルにより放電させ，放電管を黒紙で覆っておく．蛍光板を放電管の近くへ持っていくと明るい蛍光を発する．蛍光は放電管から 2m 離れた所でも認められる．

2) 程度の差はあるがすべての物体はこの放射線に対して透明である．放電管と蛍光板の間に手を置くと骨の陰影が見られる．0.2mm 厚の白金はまだ透明であるが, 1.5mm 厚の鉛板はほとんど不透明である．

3), 4), 5)（各種物質の密度，厚さと透明度に関する記述［省略］）

6) 写真乾板は X 線に感光する．

7) X 線はプリズム通過により屈曲せず，レンズでは集光できない．

8) 白金，鉛，亜鉛は X 線を反射する徴候がある．

9) 物質中の粒子の配列も透明度に影響し得る．例えば方解石は厚さが等しい

場合，軸方向に通過するかあるいは直角方向であるかによって異なった透明度を持つだろう．しかし，方解石と石英に関する実験では否定的な結果を得ている．
10) 大気中における蛍光板の蛍光強度は放電管からの距離に逆比例する．
11) X線は磁場により屈折されない．これは陰極線と顕著な相違である．
12) X線は陰極線がガラス壁に衝突する点から生ずる．
13) X線の発生はガラス壁内だけでなく，放電管内に封入したアルミニウム板（2mm厚）からも発生する．
14) 手の骨，木の巻枠に巻かれた電線，木箱に入れた分銅などの写真を撮影した．
15) X線の干渉現象についての実験はまだ成功していない．
16) 静電場の影響の有無はまだ確認できていない．
17) X線とはなにか？陰極線ではありえない．その活発な蛍光作用と化学作用から，紫外線と考えるのが妥当かもしれないが，さまざまな点で今まで知られている紫外線とは性質が大きく異なる．

なお，1896年3月9日には同じ雑誌に追加実験の結果を第2報として投稿した．また翌1897年3月10日には第3報をプロイセン科学アカデミーの機関誌『数学・自然科学報告』に投稿した．これはそのころの実験技術としては限界と思われるぐらいまで現象を探究した実験の結果を述べたもので約20ページに及ぶ長いものである．そこでは，空気はX線を散乱すること，真空管球より発するX線は連続X線であり，その性質は印加される電圧に関係することなどを示している．この論文はその後10年間は誰も修正を加えることができないほど綿密で周到な実験に立脚した研究報告であった．彼はこの論文を最後に全く研究から遠ざかって行った．

公開講演会

1896年1月23日．ヴュルツブルグ物理・医学協会は講演会を開催した．招待客として学者，臨床医，軍人，政界の要人などが多数参加した．同大学の生理学教授で拡散の基本則で今もその名が知られているフィックもそのうちの一人であった．会場となった階段教室の講堂は満席で，学生たちは階段や窓際のラジエーターに腰をおろし部屋を埋め尽くした．

「私は偶然にその線が黒い紙を透過することを発見したのです．しかし私は

図 7.6 1896年1月23日，ヴュルツブルグ物理・医学協会における記念講演 [4]

そういった現象を見たとき，錯覚ではないかと思いました．結局私は写真撮影を行いました．その実験がとうとう成功の域に達したのです」レントゲンはX線写真のいくつかを見せた．また講演を終了するにあたり，居合わせた解剖学の教授ケリカー（R.A.von Kölliker; 1817-1905）の手のX線写真を撮らせてほしいと頼んだ．ケリカーは快く同意し，しばらくたってから聴衆は現像した写真を見せられた．ケリカーは，「48年間物理・医学協会のメンバーとして会に参加してきたが，自然科学または医学の分野でこれほど素晴らしく偉大な価値ある発表のあった会に出席したことは未だなかった」と述べ，その放射線を発見者の名前にちなんで「レントゲン線」と呼ぶことを提案した．参会者全員が心からその提案に賛意を表した．

これ以後，レントゲンは聴衆を前にして，X線発見に関して何らかの講演をしたという証拠の記録は全く残っていない．彼は雄弁家ではなく，講義・講演は不得手であった．のちの1903年，ミュンヘンのドイツ博物館の定礎式において，固辞したにもかかわらず祝辞を述べることになったが，極度の緊張で震え首尾一貫したことをまったく話すことができなかったという．以後公式行事での彼へのスピーチの

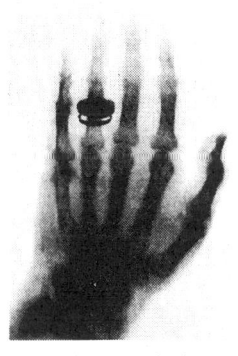

図 7.7 ケリカーとその手のX線写真 [4]

依頼はなかった．

ミュンヘン大学へ ―ラウエによるX線の結晶解析への応用―

　1900年4月，レントゲンはミュンヘン大学の実験物理学正教授に就任した．ヴュルツブルグ大学にとどまる方が研究を継続するためにも，病身の妻のためにも望ましいことであり，新たな地位に付随する管理的責任を負うことを望まなかったにもかかわらず．結局のところ，バイエルン政府が提供し得る最も権威ある地位への，最高権力者であるバイエルン公の要請を断りきれなかったためといわれている．着任以来レントゲンは理論物理学講座の設立に努力し，1906年にようやく実現した．ここではゾンマーフェルト（A.Sommerfeld; 1868-1951）を中心にX線の性質の解明を目指した研究が行われた．

　1910年ゾンマーフェルトはエワルド（P.P.Ewald; 1888-1985）に「光学複屈折の理論的解明」を研究テーマとして与えた．エワルドはゾンマーフェルトのグループで波動光学の研究をしていたラウエ（Max von Laue; 1879-1960）の助言を求めた．彼はエワルドとの討論の過程で光学回折格子による光の回折現象とのアナロジーから，結晶は3次元空間格子であり，X線回折の可能性があると思いついた．当時レントゲンとゾンマーフェルトの研究室の学生はコーヒータイムを共に過ごすなど親密な関係にあり，ラウエはレントゲンの教え子でゾンマーフェルトの助手をしているフリードリッヒ（W.Friedrich）たちの協力を得て実験をはじめた．実験は1912年4月21日に始まった．最初の実験は硫酸銅結晶について行われ，数週のうちに閃亜鉛鉱，銅，方鉛鉱，岩塩，ダイヤモンドの写真が撮られ空間格子の対称性を示す規則的な斑点の

図7.8 ラウエの記念切手
（上）スウェーデンで発行，1974
（中）生誕百年の記念
　　　東ドイツ（当時）で発行，1979
（下）X線回折像（Laue pattern）
　　　西ドイツ（当時）で発行，1979

配列が観測された[5]．

レントゲンはX線の発見を報じた第1報で「X線の干渉現象についての実験はまだ成功していない」と述べており，若い研究者の実験結果をすぐには受け入れようとしなかった．しかし，実験方法を熱心に聴き，そのデータを徹底的かつ批判的に検証してから誤りがないことを認め最終的には納得した．フリードリッヒとクニッピングの実験は，16年前にレントゲンが発見して以来，X線の性質についての基本的かつ新しい知見をもたらした最初のものであった．

ノーベル賞受賞とレナルトの反撥

1901年，レントゲンは第1回ノーベル物理学賞を受賞した．彼はもちろんその栄誉を喜んだが，授賞式に出席するために長期間旅行で家を空けること，大勢の人と言葉を交わすことをわずらわしいと感じた．知人に宛てた手紙で次のように述べている．

> 私は自分のいつものしきたりに反してストックホルムに出かけることにしました．授与式では3人が受賞し，1日半だけ参加すればよいとのことでしたので，辛抱して祝っていただくことにしました．スウェーデン人はそういった物事を質素で格式の高いものにする方法を知っているようです．

受賞者は記念講演を行うことが要請されたが，レントゲンは断った．賞金（150,800クローネ，当時の換算で41,800ドル）はヴュルツブルグ大学に寄贈した．

レントゲンをX線の発見に導いたのは陰極線への関心であり，直接的にはレナルトの論文が研究開始のきっかけとなったことは先に述べた．レナルトはレントゲンにアルミ箔を提供するなど好意的に協力した．ノーベル賞の決定前に二三の学会からこの二人に対してX線発見に関して賞が贈られた．ところがノーベル賞はレントゲンの単独受賞であったのでレナルトは異議を申し立て，新しいタイプの放射線を最初に観察したのは自分

レナルト[4]

であると主張し，レントゲンを非難するようになった．1905年，レナルトは陰極線の研究により第5回ノーベル物理学賞を受賞したが，その記念講演でもX線の発見におけるレントゲンの役割は低いと述べ，終生これを主張しつづけた．

後年，レナルトはヒトラーの国家社会主義に共鳴し，ドイツ全国の物理学者の人事に関して強い発言権を持つり，ナチの科学者として最高の権力者となった．第二次大戦末期の1945年，米軍に捕らえれニュルンベルグ裁判にかけられたが高齢のため無罪になった．1925年から1945年の間に出版されたドイツの物理学の教科書にレントゲンのX線発見についてごく簡単な記述しかないこと，X線発見50周年にあたり記念切手の発行の申請があったのに却下されたことなどは，ナチの学術上の最高顧問であったレナルトとその意を受けた人々の画策によるものとされている．

70年後に明らかになったノーベル賞の審査過程

レントゲンが受賞した第1回のノーベル物理学賞の審査経過は1974年に明らかにされた（K.Folke: "Röntgen and the Nobel Prize", *"Acta Radiologica"*, 15, 1974, 465-473）．選考に際してスウェーデン王立科学院は各国の著名な物理学者に候補者の推薦を依頼した．29人の推薦人のうち12人はレントゲンを推し，5人はレントゲンとレナルトの2人で賞を分かち合うことを提案し，他に9人の候補者名が挙げられた．5人のメンバーで構成された物理学部門の専門委員会（諮問委員会）は以下のように共同授賞を答申した．

> 2人の科学者の功績を詳しく調べたとき，もし彼らの1人に授与しようとすればノーベル物理学賞を受けるに最もふさわしい基礎研究がどちらによってなされたかを決定するのは難しい．2人の科学者は相互に連絡を取り合っている仲である．また2人の研究者は学問的にも同等であるということは次の事実からも明らかである．それは1896年，ウィーン科学アカデミー，1898年，パリ・アカデミーなどでレントゲンとレナルトはそれぞれ一緒に賞を授与されていることである．

しかし，科学院の全員出席の会議では，ノーベル賞は1人の候補者に授与すべきであるという意見が支配的で，諮問委員会の答申とは異なり単独授賞が決

日本における X 線結晶学のあけぼの

日本における X 線結晶学の発祥については松尾宗次による詳しい紹介がある[6]が,ここではそれをなぞってごく簡単に触れておきたい.

東京大学理学部助教授であった寺田寅彦(1878-1935)は,X 線による回折現象を報じたラウエの論文を目にすると直ちに追試を行った.医学部から診察用 X 線装置を借りて実験装置を組みあげ,蛍光板上でラウエ斑点を直接肉眼で見ることに成功し,ラウエ図形を「原子の網平面からの反射」として理解できることを示した.ブラッグの法則を報じた W.L. ブラッグ(W.L.Bragg; 1890-1971)の論文ときびすを接して発表された寺田の論文[7][8]の独創性と重要性は専門家の間では認識されているものの教科書などではほとんど触れられていないのは残念なことである.

当時大学院学生であった西川正治(1884-1952)は寺田寅彦の研究に啓発されて級友小野澄之助と共同で研究を始め,1) 木綿,絹,石綿などの繊維状物質,2) 雲母,滑石などの薄片状物質,3) 蛍石末,硫化亜鉛末など微粉末の集合体,について実験を行い複雑な回折写真の解析からそれぞれの構造の特徴を明らかにした[9].また西川はスピネル $MgAl_2O_4$ などの結晶構造と原子配列を世界に先駆けて空間群理論に基づく推論に拠って求め[10],複雑な組成を持つ物質の結晶構造解析の道を拓いた.

西川は浅原源七とともに理化学研究所創立要員として米国に派遣され,コーネル大学で研究を行った.2 人の共著で "Physical Review" に発表された論文[11]は,Al, Cd, Cu, Zn, Ag, Sn, Pb,黄銅の圧延の効果,加熱による回復・再結晶,さらには Tl の同素変態を X 線回折に調べたもので,物理冶金学への X 線回折法の応用の先駆的業績である.西川は若き日のワイコッフ(R.W.G.Wykoff)に X 線回折実

寺田寅彦

西川正治[12]

験，構造解析における空間群理論の応用の手ほどきをした．西川の没後 30 年に門下生らによって追悼文集が出版[12]された折には，結晶学の泰斗となったワイコッフも "Remniscences" を寄せて当時を回顧し西川への熱い追慕の思いを語っている．

浅原源七（1891-1980）は東京大学理学部化学科を卒業後，工学部冶金学科の俵 国一教授の下で金相学の研究に従事したのち，理化学研究所の創設に加わった．米国および英国での在外研究ののち，理化学研究所浅原研究室を開き X 線分析法の金相学への応用を中心とする研究を行った．のちに理化学研究所を辞し，かって大学院在学中に奨学金を貰っていた鮎川義介が創立した戸畑鋳物に入社した．やがてこの会社が母体となって発足した日産自動車に移り，1939 から 44 年および 1951 から 57 年と 2 度にわたって同社社長を勤め，日本の自動車工業の隆盛の基礎を築いた．学問と実業の二つの世界で活躍したこの異色の人材は「X 線随想」[13]で西川との共同研究，ワイコッフとの交友の日々を回想している．

日本結晶学会編の『日本の結晶学—その歴史的展望』[14]は，ここでそのごく一端に触れた日本における結晶学の発祥と展開を広汎な分野の 100 名近い多数の研究者の共同執筆により記録に残した好著である．機会があれば手にとって先人の足跡を辿っていただきたい．

浅原源七
日産自動車㈱『21 世紀への道 日産自動車 50 年史』(1983) より

【参考文献】

1) 新関暢一訳・創造的発見と偶然—科学におけるセレンディピティ，[科学のとびら]，東京化学同人 (1993). [G.Shapiro : *A Skeleton in the Darkroom, Stories of Serendipity in Science*, (1986)]
2) 山崎岐男：レントゲンの生涯，富士書院 (1986).
3) 山崎岐男 訳：レントゲンの生涯，考古堂書店 (1989). [W.Robert Nitske : *The Life of Wilhelm Conrad Röntgen*, (1973)].
4) 青柳泰司：レントゲンと X 線の発見，恒星社厚生閣 (2001).
5) W.Friedlich, P.Knipping and M.Laue : Sitzb. Math-phys. Klasse, bayer. Akad. Wiss. München (1912) 303.

6) 松尾宗次：日本におけるX線金属結晶組織学のあけぼの，まてりあ，**37** (1998) 949 ; **37** (1998) 1030 ; **38** (1999) 39.
7) T.Terada: Nature, **91** (1913) 135 ; **91** (1913) 213.
8) T.Terada: Proc. Tokyo Math-Phys. Soc., **7** (1913) 60.
9) S.Nishikawa and S.Ono : Proc. Tokyo Math-Phys. Soc., **7** (1913) 131.
10) S.Nishikawa : Proc. Tokyo Math-Phys. Soc., **8** (1915) 199.
11) S.Nishikawa and G.Asahara : Phys. Rev., **15** (1920) 38.
12) 西川正治先生 人と業績，西川先生記念会（講談社出版サービスセンター製作）(1982).
13) 浅原源七：X線随想，化学と工業，**16** (1963) 1163.
14) 日本の結晶学―その歴史的展望，日本結晶学会 (1989).

8
「猫」と首縊りの力学と学術雑誌

『吾輩は猫である』

　夏目漱石の処女作であり代表作でもある『吾輩は猫である』は，雑誌『ホトトギス』に全10回断続的に連載された（1905年1月～1906年8月）もので，単行本としては初版の上中下がそろったのは1907（明治40）年である．小林信彦[1]によれば──

　　たいていの人は一度は読む．文科系の人間でなくても，これと「坊ちゃん」だけは読んでいる．こうした〈通過儀礼〉的役割ゆえに，「猫」（以下このように略称する）は，日本文学史上，稀に見るポピュラリティを獲得しているが，中年に達した人たちに「猫」はどんな小説だったかと問いかけると，はかばかしい答えが返ってこない．
　　── なにぶんにも，昔，読んだので──．
　　── 面白かったことは面白かったけれども，もう憶えていない．
　　これは当然ともいえる．
　　なんといおうと，「猫」には「坊ちゃん」のようなはっきりした筋がない．筋がないのがこの小説の第一の特色なのだから，

図8.1『吾輩は猫である』初版本とカット
（明治38年10月）

記憶するとしたら，場面とディテイルしかないのである．

　私自身もまさにそうで，最近読み返してみて改めて希薄な記憶しかなかったことを再確認した．ただ一つ鮮明な記憶にあったのは学会講演の練習風景の場面である．少々長くなるが，以下にその部分を引用する．これは連載第3回に相当する部分の一こまである．

学会講演の練習風景

　…「寒月が来るのかい」と主人は不審な顔をする．「来るんだ．午後一時迄に苦沙弥の家に来いと端書を出して置いたから」「人の都合も聞かんで勝手な事をする男だ．寒月を呼んで何をするんだい」「なあに今日のはこっちの趣向ぢゃない寒月先生自身の要求さ．先生何でも理学協会で演説をするとか云ふのでね．その稽古をやるから僕に聴いてくれと云ふから，そりゃ丁度いゝ苦沙弥にも聞かしてやらうと云ふのでね．そこで君の家へ呼ぶ事にして置いたのさ ── なあに君はひま人だから丁度いゝやね ── 差し支えなんぞある男ぢゃない．聞くがいいさ」と迷亭は一人で呑み込んで居る．「物理学の演説など僕にゃ分からん」と主人は少々迷亭の専断を憤ったものゝ如くに云ふ．「所が其問題がマグネ付けられたノッヅルに就いてなどと云ふ乾燥無味なものじゃないんだ．首縊りの力学といふ脱俗超凡な演題なのだから傾聴する価値があるさ」…

　それから約七分程すると 注文通り寒月君が来る．今日は晩に演舌をするといふので例になく立派なフロックを着て，洗濯し立ての白襟をそびやかして，男ぶりを二割方上げて，「少し後れまして」と落ち着き払って挨拶をする．…

　寒月君は内隠しから草稿を取り出して徐に「稽古ですから，御遠慮なく御批評を願ひます」と前置をしていよいよ演舌の御浚いを始める．

　「罪人を絞罪の刑に処するといふ事は重にアングロサクソン民族間に行はれた方法でありまして，夫より古代に遡って考えてみますと首縊りは重に自殺の方法として行はれた者であります．」…

という具合に寒月君の学会講演の練習が始まる．実はこの講演内容は小山慶太が指摘しているように[2] サミュエル・ホウトンというアイルランドの学者が1866年『フィロソフィカル・マガジン』という著名な学術雑誌に投稿した論文「力学的および生理学的に見た首縊りの力学」の内容をほとんどそのまま採用したものである．原題，著者等を以下に記しておく．著者の肩書き the Rev. は

> IV. *On Hanging, considered from a Mechanical and Physiological point of view.* By the Rev. SAMUEL HAUGHTON, M.D., F.R.S., Fellow of Trinity College, Dublin*.
>
> HANGING, as a mode of public execution of criminals, must be regarded as to a great extent an Anglo-Saxon mode of execution; and although occasionally practised by the nations of antiquity, it seems among them to have been used chiefly by suicides, or in cases in which especial ignominy was intended to be attached to the criminal.
>   Among the Hebrews, the national punishment was unquestionably that of stoning to death by stones thrown with the hand; and it is clear, from many passages in the Old Testa-
>
>   * Communicated by the Author.

図 8.2 サミュエル・ホウトンの論文
(*"Philosophical Magazine and Joulnal of Science"*, 32, 1866, 23)

聖職者の意だから牧師であろうか？

On Hanging, considered from a Mechanical and Physiological point of view, By the Rev. Samuel Haughton, M.D., F.R.S., Fellow of Trinity College, Dublin.

『オデュッセイア』

　さて，ホウトンのこの論文は，ギリシャ最古の叙事詩作品でホメロス作と伝えられる『オデュッセイア』の場面を引用して綴られている．『オデュッセイア』というタイトルはオデュッセウスをめぐる物語というほどの意味で，オデュッセウスはトロイア戦争で活躍したギリシャ軍の将軍である．戦争後，10 年間の苦難に満ちた漂流の末故国に帰りついたオデュッセウスが，自分の妻ペネロペイアにいい寄る求婚者や不忠な侍女たちの大半を殺すというのがこの叙事詩の内容である．第二十二歌が「大虐殺」と題されその殺戮場面が描かれている．息子テレマコスや家畜番のエウマイオスとピロイを指揮して，不誠実であった 12 人の侍女たちを絞殺する．ホウトンの論文には，原著の当該部分がギリシャ語原文と英訳で記してある．ここでは呉 茂一訳[3]の文章を掲げておく．

> 　こう言って，青黒い色の艪をした船の太綱をとりあげると，大柱から円い御堂へぐるりとまわして結わえつけ，高いところに張りめぐらした，そこから誰も，足が地面へ届かないよう．
> 　こうしてちょうど，長い羽根をしたつぐみの鳥や鳩なんどが，木立のしげみに

仕掛けてあった霞網にかかったときみたように，———
ねぐらへ帰っていくところを，おぞましい寝床に迎えとられてしまった———
それと同様，女たちは順ぐりに頭を並べて吊るさがっており，頸筋にはどれもこれもみな縄がついていた，ことさら惨めな死を遂げるよう．
それで少しは足をばたばたもがいていたが，それもたいして長くはなかった．

寒月君の講演は以下のように続く．

首絞りの方法は？

この絞殺を今から想像してみますに，之を執行するに二つの方法があります．「第一は縄の一端を柱へ括り付けます．そしてその縄の所々へ結び目を穴に開けてこの穴へ女の頭を一つづつ入れて置いて，片方の端をぐいと引っ張って吊るし上げたものと見るのです．」「第二は縄の一端を前のごとく柱へ括りつけて他の一端も始めから天井へ高く釣るのです．そしてその高い縄から何本か別の縄を下げて，それに結び目の輪になったのをつけて女の首を入れて置いて，いざという時に女の足台を取りはずすという趣向なのです」「それで是から力学的に第一の場合は到底成立すべきものでないことを証拠立ててご覧に入れます」

ホウトンの論文では，「侍女はすべて同じ体重である」，「等間隔に吊るす」，などの単純化した仮定の下でサイン，コサインを用いて水平方向と垂直方向の力のつりあいの式を立てる．そして第一の方法の場合にぐいと引っ張って吊るし上げるに要する力を評価している．結論として（式を立てて計算するまでもないことであるが），少なくとも6人の侍女を持ち上げる以上の力が必要で，それには滑車装置でも用いない限り不可能であり（そういう断りも書いてないから），第二の方法によったものと結論している．続いてアメリカにおける絞首刑の方法を紹介し，死刑囚が苦痛を覚えるまもなく瞬間的に絶命するように執行するための条件などを議論している．

夏目漱石の東京大学予備門予科の在学中の成績は理数系にすぐれ，仲間からは理科系向きの人間とみなされていたそうで，事実，工科を選び建築を志したこともあったらしい[2]．作品中にも『猫』の寒月君や『三四郎』の野々宮君など理科系の人物がよく登場する．なお，寒月君のモデルは寺田寅彦（漱石が第五高等学校の教師であったときの生徒であり，終生交流があった）である．

寅彦は「夏目漱石先生の追憶」(『俳句講座』，昭和 7 年 12 月) で以下のように述べている．

> 自分が学校で古いフィロソフィカル・マガジンを見て居たらレヴェレンド・ハウトンといふ人の「首釣りの力学」を論じた珍しい論文が見付かったので先生に報告したら，それは面白いから見せろといふので学校から借りて来て用立てた．それが「猫」の寒月君の講演になって現はれて居る．高等学校時代に数学の得意であった先生は，かういふものを読んでもちゃんと理解するだけの素養を持って居たのである．文学者としては異例であらうと思ふ．

それにしても，こういう異様な内容の論文を掲載した『フィロソフィカル・マガジン』とはいったいどういう雑誌だったのであろうか？知友 R.W.Cahn (ケンブリッジ大学) にこういう疑問を呈したら，「この雑誌を刊行している出版社の歴史を書いた本[4]があるから手に入れてやる」といって，Taylor & Francis から一冊献本いただくことになった．以下では，この本を参考に出版社と雑誌の歴史を瞥見することにしよう．

印刷出版業者 "Taylor & Francis"

Taylor & Francis の創業者，リチャード・テイラー (Richard Taylor; 1781-1858) はノリッジ (Norwich) 地方の名門の出で，その一族からは宗教，学問，芸術，法律，産業など広汎な分野に多くの人材を輩出している．リチャードは 17 歳の時，父ジョン・テイラー (John Taylor; 1750-1826) のすすめでロンドンの印刷業者デービス (Jonas Davis) のもとへ徒弟修業に行き，やがて父の資金援助でデービスから印刷業の権利を買い取り，1804 年には R.Taylor & Co. という社名で独立して各種の学術雑誌の印刷刊行を始め，ユニークな印刷業者としての地歩を固めていった．1813 年には家紋 (house emblem) として「ローマ式ブロンズ製ランプに油を注ぐ手」をかたどったものを採用した．そ

R. テイラー[4]

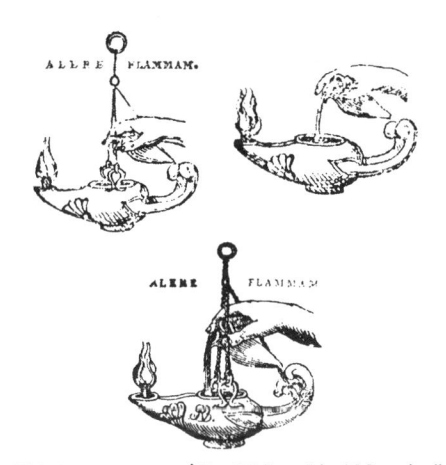

図 8.3 *"The Lamp of Learning"* [4] に使われていた出版社の紋章　　図 8.4 1815, 21, 27 年に *"Philosophical Magazine"* に載った図柄

の上方に記された文字 "Alere flamman" は "to feed or nourish the flame"，すなわち「炎を燃やしつづけよ」を意味している．燃え盛るランプは，19 世紀初期の芸術家，学者の信念「人間の心は単に外界の事物を写す鏡あるいは反射体ではなく，それを照らし出し変容させる有機体である」を象徴するものである．テイラーが会員になっていたロンドン哲学協会では，その開会中の建物の入り口に灯りがともされたことからこの図柄が採用されたともいわれている．カットの 3 つの絵はそれぞれ 1815, 1821, 1827 年の *"Philosophical Magazine"* に載ったもので，少しずつ変わっており最後のものには Taylor のイニシアルの R の文字が入っている．

　R. テイラーは妻ハナとの間に一女をもうけたが，妻が病身であったため，1812 年，養育係としてフランセス・フランシスを雇った．この養育係との間に生まれた不義の子がウイリアム・フランシス（William Francis；1817-1904）である．このことは公然の秘密であったが，法的には実子と認知することなく終わった．ウイリアムはフランスで中等教育を受けたのち，ドイツで印刷業の見習をしつつドイツ語の修得に励んだ．1836 年，ロンドンに戻り University College でグレアムらについて化学を学んだ．1839 年リチャードはウイリアムをベルリン大学へ留学させた．ここでの研究の成果として 2 編の冶金学関係

W. フランシス[4]

の論文を "Philosophical Magazine" に発表している．しかし，当時急速な発展を見せていた有機化学に惹かれ，ギーセン大学に移ってリービッヒの下で分析化学の研究を続け 1842 年に学位を得ている．この頃数編の論文を発表しているが，研究者としての将来には見切りをつけたようで，これ以後は自らの名を冠した研究論文は発表されていない．滞独中はドイツ語で発表された化学，物理，生物の重要な論文を英訳して R.Taylor & Co. から刊行されている雑誌に載せることは父と約束した重要な任務であった．

学位取得後はロンドンに戻り，印刷出版業の実務の責任を担った．化学を専攻したけれど当初は昆虫学に関心があったウイリアムは，ドイツ滞在中に大陸における動物学，植物学，博物学への関心の高さと活発な研究に触発され，この方面の学術誌の刊行にも積極的に動いた．

R. テイラーは印刷出版業を Taylor 一族の同族企業として維持発展させてきた．弟アーサーや甥を一時期，実務的ないし資金的に経営に参画させ，社名にも彼らの名前が加えられた時期があった．しかし，法的には認知していなかった実子ウイリアム・フランシスが実際上業務の一切を取り仕切るようになったため 1852 年，"Taylor & Francis" と社名を変更し，以後現在もこの名前で続いている．ウイリアム・フランシスの息子ウイリアム・フランシス Jr.（William Francis Jr.; 1863-1932），リチャード・タウトン・フランシス（Richard Taunton Francis; 1884-1931）はともに自然科学を学んだが，家業に参画し "Philosophical Magazine" の Editor を務めた．しかし，これ以後は同族企業の性格は次第に薄れていった．

なお，1984 年の時点で Taylor & Francis が刊行していた学術雑誌は 38 タイトルであったが，その後企業は大西洋を越えたグループ化がすすみ，1996 年には約 130 タイトル，1998 年にはおよそ 150 タイトルを刊行する一大出版企業となっている．

学術雑誌『フィロソフィカル・マガジン』の歴史

ロンドンの夕刊紙 "The Star" のオーナーであったティロッホ（A.Tilloch；1759-1825）は，グラスゴー生まれで，1798年6月，"Philosophical Magazine" を創刊した．このときこの雑誌の正式タイトルは以下のようであった．

"The Philosophical Magazine: comprehending the various branches of Science, the Liberal and Fine Arts, Geology, Agriculture, Manufactures and Commerce"
そして刊行の目的を以下のように述べている．

> フィロソフィカルな知識を社会のあらゆる階級に広め，国内及び大陸での科学の世界で起こっている新奇なことすべてを出きる限り早く大衆に説明すること．

また，その報文の内容にオリジナリティに欠けるものがあったとしてもそれほど問題にすべきでないと，ベルギーの文人ユスタス リプシウスの以下の言をタイトルページに掲げて主張した．

Nec aranearum sane textus ideao melior, quia ex se sila gignunt. Nec noster vilior quia ex alienis libamus ut apres. (1596)

> 蜘蛛は自らの体から作り出した糸で織っているから織り方がうまいというわけではなく，またわれわれ人間はミツバチのごとくに他のものが作った物を頂戴して織っているからといって織り方が下手であるということでもない．

雑誌の表題にあるように「広範な分野の科学，人文科学，造形芸術，地質学，農業，工業，商業などを包括する」という，いわば何でもありという広い分野の論文を掲載した．最初の数巻には印刷所名が明記されていないが，第4巻以降はデービスの名が記

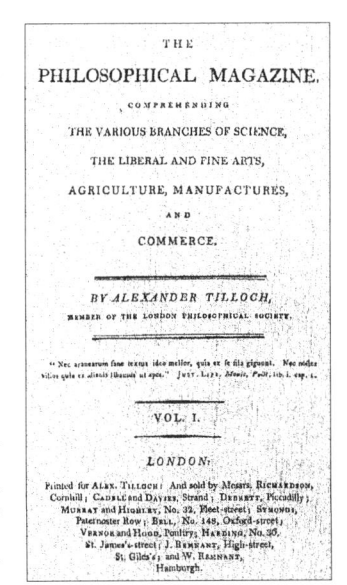

図 0.5 *"Philosophical Magazine"* 創刊号の表紙[4]

表 8.1 フィロソフィカル・マガジンの編集者と在任期間 [4]

編集者名	在任期間	編集者名	在任期間
A.Tilloch	1798 〜 1825	J.J.Thomson	1911 〜 1940
R.Taylor	1822 〜 1858	G.C.Foster	1911 〜 1919
R.Phillips	1827 〜 1851	R.T.Francis	1921 〜 1931
D.Brewster	1832 〜 1868	A.W.Porter	1931 〜 1939
R.Kane	1840 〜 1889	J.R.Airey	1932 〜 1937
W.Francis	1851 〜 1904	A.Ferguson	1937 〜 1951
J.Tyndall	1854 〜 1863	W.L.Bragg	1941 〜 1970
A.Matthiessen	1869 〜 1870	G.P.Thomson	1941 〜 1970
W.Thomson	1871 〜 1907	N.F.Mott	1948 〜 1970
G.F.Fitzgerald	1890 〜 1901	A.M.Tyndall	1948 〜 1961
J.Joly	1901 〜 1934	W.H.Taylor	1970 〜 1975
W.Francis, Jr.	1904 〜 1932	E.A.Davis	1975 〜
O.J.Lodge	1911 〜 1940		

され，第 6 巻以降（1800）にはテイラーの名が加えられている．1822 年には Richard Taylor は coeditor としても名前を連ね，編集・印刷の責任をともに負うことになった．表 8.1 に『フィロソフィカル・マガジン』の歴代の Editor の名前を記した．1970 年まではすべての名前が記してあるが，この年以降は Associate Editor 等が加わり編集の仕組みが複雑になったので "Editor"，あるいは "Co-ordinating Editor" のみをリストしてある．

雑誌の名称は，競合する類似分野や英国の他の地域で発行されている雑誌の統合・吸収を繰り返して幾度も変更された．1840 年には *"The London, Edinburgh, and Dublin Philosophical Magazine and Journal of Science"* となり，この名称は 100 年以上続いた．1949 年モットが Editor になるとまた名称が変更され，単に *"The Philosophical Magazine"* となり，1976 年には冠詞 "The" が落とされた．さらに 1978 年には 2 分冊となり "Part A: Defect and Mechanical Properties"，"Part B: Electronic, Optical and Magnetic Properties" と内容別に分割された．のちに，Part A には "Structure"，Part B には "Statistical Mechanics" が加えられ，また 1987 年には Letter Section が独立して *"Philosophical Magazine Letters"* が発足し，現在の形になった．

ところで，かって "philosophy" は "natural philosophy" を意味し，ほとんど "science（科学）" と同義語であった．理科系の研究者の多くは *"Philosophical*

Magazine" という名称に慣れ親しんで違和感はないが，一般には "philosophy" は「哲学」と訳すのが普通で Philosophical Magazine は「哲学雑誌」ということになる．現在でも時折，哲学者から哲学の論文を投稿したいと送られてくることがあるそうである．直訳的には philo（愛する）＋ soph（知恵）＋ y（'学'を表す接尾語）であるから「愛知学」となる．

　私事にわたって恐縮であるが，2000年3月，京都大学を定年退官するに際して最終講義をしたとき，自分が発表した学術論文（英文）210編の発表雑誌を調べてみたところ以下の結果になった．

Philosophical Magazine	39
Materials Trans., JIM	28
Acta Materiallia	24
Defect and Diffusion Forum	10
J. Phys. Soc. Japan	9

（以下略）

本章で『フィロソフィカル・マガジン』の歴史をとりあげた理由がおわかりいただけたであろうか？

【参考文献】

1) 小林信彦：「吾輩は猫である」と落語の世界, 新文芸読本 夏目漱石, 河出書房新社 (1990) 35.
2) 小山慶太：ニュートンの秘密の箱―ドラマティック・サイエンスへの誘い―, 丸善 (1988) 149.
3) 呉 茂一訳：オデュッセイア, 岩波書店 (1982).
4) W.H.Brock and A.J.Meadows：*The Lamp of Learning – Two Centuries of Publishing at Taylor & Francis*, Second edition, Taylor & Francis (1998).

9
拡散研究の先駆者たち

拡散とは？

S："拡散" というのは，どういう現象ですか？

T：例えば，2種類の気体を接触させておき（図9.1），境目の板を除く．そうすると時間の経過とともに気体分子の移動が起こって，最後には一様になる．こういう一様化の現象を"拡散"という．ただし，拡散は何も気体とは限らない．2種類のものが液体でもよいし，固体でもよい．また一方が気体で，他方が固体でもよい．また同じ種類のもので，濃度が変わっているときでもよい．とにかく，初め一様でなかったものが，だんだん一様になってゆく過程が"拡散"だ．

鋼を"酸洗い"するときに，鋼中に水素が入ってくる．これは，表面にできた水素が一様になろうとして起こるのだから，"拡散"の一例といえる．

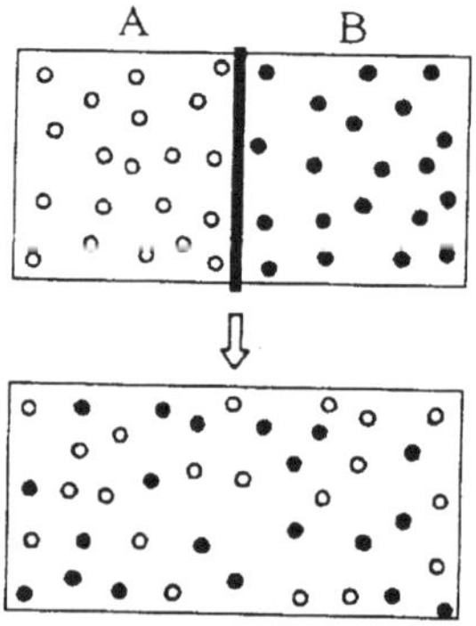

高温度で炭素の少ない鋼中に炭素を溶け込ませる"浸炭法"も拡散の一例．浸炭の結果は鋼中の炭素濃度の分布がかえって一様でなくなるわけだが，炭素にしてみれば表面の濃度と同じになろうとして起こる途中なのだから，拡散の結果だ．（『金属学への招待』[1] 64ページより）

本章では，拡散現象を研究した先駆者たちの業績とエピソード[2)3)]を紹介する．

図9.1「拡散」とは，AとBが混じり合う過程[1)]

造幣局の化学者―グレアム

　グレアム（T.Graham; 1805-69）はグラスゴー大学，エディンバラ大学に学び，ロンドン大学教授をつとめた（1837-54）のち，造幣局長官に就任した．またロンドン化学会（のちの英国化学会）を創設し（1841）初代会長をつとめた．この間に彼は数多くの化学的研究を行った．とくに，気体および液体の拡散に関する一連の研究に重要な業績をあげた．多孔質の隔膜を通しての気体の拡散，あるいは微小な孔を通して真空中への気体の流出（effusion）において，その拡散速度または流出速度は気体の密度の平

グレアム [5]

方根に逆比例するというグレアムの法則（1833）を，最初は水素と酸素を用いて実験的に見出した．また，これを利用して混合気体の成分を分離する実験も行った．この法則はのちに気体分子運動論から理論的に導かれた．これら気体における拡散に関するグレアムの仕事については，彼の死後100年を記念する集まりでメーソン教授が行った記念講演 "Thomas Graham and the Kinetic Theory of Gases" [4] で詳しく論じられている．

　グレアムは，溶液中の溶質の拡散速度の比較測定から，結晶性物質は非晶性物質（ゼラチンなどのたんぱく質やでんぷんなど）より拡散速度が速く，両者を透析により分離できることを示した．また，非晶性物質をコロイドと呼び，その特徴を詳しく記述し，コロイド化学の祖として有名である．晩年には水素を吸蔵した金属の物性を研究した．彼は水素を一種の揮発性金属とみなし，水素は金属と合金を作ると考えていた．

　彼の研究は造幣局の仕事と特段の関連はなさそうであるが，その立場を利用してさまざまの金属のコインを鋳造し，気体との反応を調べてみたらしい．造幣局には，今でも彼が作ったパラジウムの「コイン」（1ポンド「金貨」）が保管されていて，それには体積にして600倍もの水素が吸蔵されているそうである．彼が長官の時代に行ったことの一つに，「その年に製造されたコインにはその年号が刻印されている」ようにしたことで，1864年からはその年の最後の作業日に刻印機のダイスを新しい年のものと置き換える儀式が行われるよう

になったという[5].

拡散法則の確立—生理学者フィック

「溶質の流束密度は濃度勾配に比例する」という拡散の基本則は，1855年フィック（A.E.Fick；1829-1901）により提唱された．「液体の拡散について」と題する論文[6]の冒頭で，彼は次のように述べている．

> 数年前グレアムは水の中での塩の拡散に関する広汎な研究の結果を報告し，種々の塩の拡散の速さを比較している．大変貴重で膨大な研究であるけれども，誠に残念なことに拡散の基本法則を確立する努力がなされていない．本報の目的はこの欠落を補うことにある．
>
> 溶媒中の塩の拡散に対する基本則は，導体中の熱の拡散に対する法則と同一であると仮定することは極めて自然なことであろう．その法則とはフーリエがかの有名な熱理論を構築する基礎に用いたものであり，かつ伝導体中での電荷の拡散についてオームが適用し大きな成功を収めたものと同一である．この法則によれば，異なる要素間の塩と水の輸送は，単位時間あたり濃度の差に比例し，要素間の距離に逆比例するはずである．

これを実証するため彼は次のような実験を行った．まず試験管の底に食塩の塊を入れ，これを容積が相対的に無限大とみなせるほど大きな水槽の中に入れる．そうすると試験管の上端ではつねに食塩濃度がゼロに保たれる．十分時間が経過したのちには，試験管の底では食塩水は飽和濃度に達し，定常状態の濃度分布が形成される．フィックは試験管の高さ方向に沿って各位置での食塩水の比重を計ることによって，濃度が直線的に変化していること，すなわち今日フィックの第一法則として知られている「溶質の流束密度は濃度勾配に比例する」という基本則

$$J = -D\, dc/dx$$

が成立することを示した．この実験からは拡散係数 D の値は決まらない．フィックは別の実験

フィック

からその値を求めているがここでは触れないことにしよう．何しろ論文には図面は一枚もなく，実験結果も表の形で数値が与えてあるのみでグラフがないから，読んで理解するのが一苦労である．

バールは "The Origin of Quantitative Diffusion Measurements in Solids: A Centenary View" と題する論文[7]において，フィックに関して次のように述べている．

> フィックの不滅の業績は，拡散係数 D を定義したことにある．ひとたびフィックの式によって拡散係数が定義されれば，実験データの集積整理が可能となり，やがて拡散機構の考察へと進むのは，もはや単に時間の問題であった．

またティレル[8]はフィックの実験の意義およびその仕事に対する当時の研究者の反応を論じた論文 "The Origin and the Present Status of Fick's Diffusion Law" において次のように述べている．

> 拡散の研究に対するフィックの貢献の価値は，…実験データを簡潔で容易に理解しやすい形に表現したことにある．試みにグレアムの長大な，読むに耐えないといっても過言ではない拡散実験の記述を眺めてみよ．（フィックの）貢献が如何に偉大であるかが分かるであろう．

私もグレアムの代表的論文 "Liquid Diffusion applied to Analysis"[9] を手にしてみたが，ティレルと感想をともにした．

ところでフィックの論文には 'By Dr. Adolph Fick, Demonstrator of Anatomy, Zürich（解剖学助手，チューリッヒ）' とある．フィックは医学部所属だったらしい．その経歴を文献[8]および科学者人名録[10]の記述をもとに以下に記す．

フィックは9人兄弟の末子に生まれ，子供の頃から数学に秀でていた．1847年マーブルグ（Marburg）大学に数学専攻の学生として入学した．このとき16歳年長の長兄は同大学の解剖学の教授，7歳年長の兄ハインリッヒは法学の講師であった．面白いことに，長兄ではなく，のちにチューリッヒ大学の商法の教授となるハインリッヒの強い勧めで数学から医学へ転向する．この兄は

フィックのすぐれた数学および物理の能力は医学の分野で大きな力を発揮すると直感したのであった．この判断が正しかったことは，フィックが物理学の方法と概念を生体器官の研究に応用して現代生理学の基礎を築いたことから明らかであろう．フィックは1851年医学部を卒業したのち，チューリッヒ大学の解剖学教室に勤務し，やがて生理学の教授になった．26歳の時（1856），『医学物理学（Medizinische Physik）』を出版しているが，そこでは関節や筋肉の力学，血液の流体論，生体の熱とエネルギー，眼球の光学，生体電気現象など生理現象が物理・化学的立場から詳細に論じられている．1868年にはヴュルツブルグ大学へ転じ1878年から1879年には学長を務めている．1899年，70歳で引退し，1901年に脳溢血で死去した．1929年には彼の子息たちによってアドルフ・フィック基金が設立され，5年ごとに生理学上の重要な研究に対して賞が与えられている．

固体金属における拡散の最初の測定者—ロバーツ-オーステン

ロバーツ-オーステン（William C. Roberts-Austen；1843–1902）（以下WRAと略記）は1843年，父George Roberts, 母Maria Chandlerの間に生まれた．姓がRoberts-Austenとなったのは彼が42歳（1885）のとき，母方の伯父Nathaniel Austenの強い希望によるものである．「Austenと名乗る勅許を得て」とのことで由緒ある名前らしい．したがって1885年以前の論文はW.C.Robertsの名で発表されている．彼の名は面心立方鉄の呼称「オーステナイト」にとどめられ不朽のものとなったが，長じての改名の結果が永遠に残ることになった．

さてWRAは18歳（1861）のとき鉱山技術者になるつもりで王立鉱山学校（Royal School of Mines）に入学する．卒業後は同校の助手になるとともに，造幣局長官であったグレアムの私設助手として造幣局において無機化学・物理化学の研究を行った．グレアムの死後，27歳（1870）で新設された造幣局化学官（Chemist of Mint）に就任し，59歳（1902）で死去するまで30年余にわたって王立鉱山学校との兼務を

ロバーツ-オーステン

続けた．なお，1880年にはペレシー（J.Perecy）の後をついで王立鉱山学校教授に昇任している．

　WRAは気体・液体における拡散について先駆的業績を残したグレアムの遺志を継いで液体金属さらには固体金属中の拡散の実験を行い，1896年にその成果を発表した．その論文[11]の第2部「固体金属の拡散．固体鉛中への金の拡散」において，「以下の述べる実験は，私の知る限り，固体金属中への他の固体金属の拡散速度を測ろうと試みた最初の実験である」と誇らかに述べている．拡散実験では温度を正確に測ること，長時間にわたって一定温度に保持することが必要である．温度測定にはル・シャトリエ（Le Chatelier）により発明（1888）された白金-白金ロジウム熱電対が使用された．また，温度の連続自動記録にはWRA自作のガルバノメーターと記録計を組み合わせた装置（図9.2）が使用された．鉛中の金は金属中の金属元素としては異常に速く拡散する高速拡散の典型的な系であり，固体金属中の拡散を測定するには最適の系であったのは幸運であった．造幣局においては金の微量分析技術が確立されていたこともこの研究を成功させた要因の一つである．彼が求めた拡散係数の値は，70年後に放射性同位元素を用いたトレーサー実験により決定された値と同程度であり，彼の実験方法の確かさを物語っている．なお，彼は拡散係数の大きさを表すのに cm^2/day という単位を用いたが，これは以後約40年にわたって使用された．

　ところで，WRAの論文には拡散係数の温度依存性に関する考察・解析は全

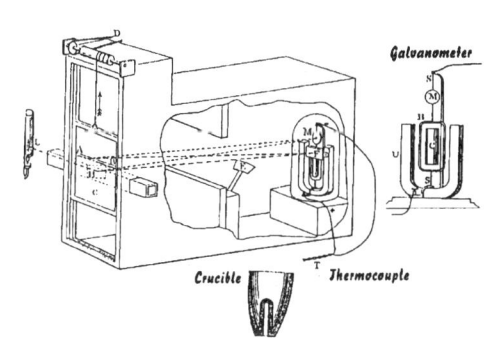

図9.2 ロバーツ-オーステンの用いた自記温度記録計[23]

く論じられていない．拡散係数の温度依存性を今日のようにアレニウス型の式で表すことを提案した最初の論文は1922年のダッシュマンと ラングミュアーによる半頁の論文[12]である．これ以前には数人の研究者が$D=\text{xp}(-a+bT)$を実験式として用いている[13]～[15]．試みにNi_3Al中のNiの拡散に関するデータ[16]を2種の表式でプロットしてみたのが図9.3である．測定が行われた温度範囲のデータに関する限り甲乙つけがたい一致を示している．正しい理論的予測が研究の進展に不可欠であることを示す好例であろう．

英国機械工学技術者協会 (The British Institution of Mechanical Engineers) は1889年，工業生産過程をよりよく理解し改良する上で科学的知識を役立てるために総合的な合金研究プログラムを開始し，そのリーダーにWRAを任命した．全6報にわたるその報告書[17]～[22]はそれぞれ数十ページに及ぶ詳細なもので各種金属に関する合金状態図，顕微鏡組織観察法，微量不純物の強度に対する効果などが報じられている．

WRAの平衡状態図の発展への貢献に関しては，カイザーとパターソン[23]が詳しく論じており，以下にその一部を紹介する．

「平衡状態図」という考え方が意味を持つようになったのはギブス (J.W. Gibbs; 1839-1903) による熱力学の概念の理論的取り扱いが広く受け入れら

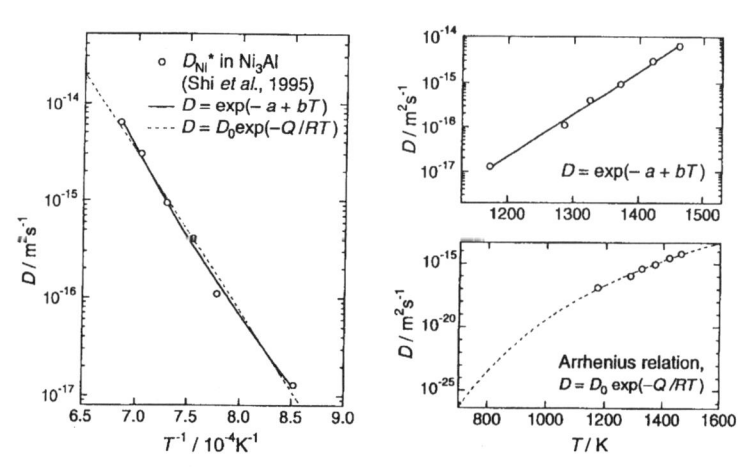

図9.3 拡散係数の温度依存性アレニウス型の式および$D=\exp(-a+bT)$の二つの式の比較，実験データはNi_3Al中のNiの拡散係数

れて後のことである．1876, 1878年に出版されたギブスの取り扱い[24]が認められるのに時間を要したのには二つの事情がある．その一つは発表された雑誌 *"The Transactions of the Connecticut Academy of Science"* は米国外の研究者にはほとんど読まれないものであったこと，今ひとつはギブスの数学的取り扱いは難解で多くの人々の理解を超えるものであったことによる．ギブスの仕事の意味を理解した数少ない一人がマックスウェル（J.C.Maxwell；1831-79）であった．彼はギブスの論文が印刷されて間もない頃に亡くなり，ギブスの仕事が広汎な古典熱力学の傘のもとで物理化学を見事に統一的に整理して見せたことを人々に喧伝する機会を持ち得なかったのは誠に残念なことであった．しかし，その死去の前にファン・デル・ワールス（J.D.van der Waals；1837-1923）とギブスの仕事について話し合う機会があり，彼からローゼボーム（Roozeboom）に伝えられた．ローゼボームがギブスの相律を温度－組成図（T-x diagram）に適用して正しい平衡状態図を求めるという作業に早いスタートを切ったのにはこのような事情があったためである．WRAは自分の実験で得たFe-Cに関するT-x図をローゼボームに示し，ギブスの熱力学的考察に矛盾しないように修正することを要請した．この要請に応じて作成されたものが1900年に発表された[25]．これがFe-C系の最初の状態図と呼ぶにふさわしいものである．

　WRAは平衡状態図の原型ともいうべきT-x図を各種の系について求めたが，1875年に発表されたCu-Ag系の凝固点に関するものは，高温における最初のT-x図といってよいであろう．ここで「高温」とはガラス球温度計が使えないような温度域を意味する（理化学辞典によると，石英ガラスなど難融性のガラス製の管を用い，高圧の窒素または炭酸ガスで封入した水銀温度計を用いると750℃付近までの測温が可能という）．1875年といえば，信頼できる熱電対が発表される以前である．どのようにして実験したのであろうか？

　「坩堝の中に所定の組成の合金を融解しておき，その中に鉄球を浸す．冷却過程で凝固の徴候が認められたら直ちに鉄球を引き上げ，水熱量計に投入しその温度上昇から鉄球の温度を計算する」むろん前もって鉄の熱容量を高温域まで測定ないし外挿により推定しておく必要がある．このようにして決めた温度はあまり正確ではなかった（100～250℃も違っていた）が定性的な傾向は正しく捉えられていた．それにしてもこの苦労多く，高い精度が望めない方法に比し，熱電対と自記温度記録計（図9.2）を組み合わせた熱分析法がその後の

研究に絶大な威力を発揮したであろうことは想像に難くない.

放射性同位元素を拡散測定にはじめて用いたヘヴェシー

　自己拡散という概念,すなわち物体を構成している原子あるいは分子が相互に位置交換をしていることは,気体の混合・拡散を論じたマックスウェルによってはじめて示唆された.区別できない多数の粒子の集団において実際にそのような動きが起こっていることを示したのはマックスウェルの提唱から50年後のヘヴェシーの放射性同位元素(RI)を用いた実験である.彼は天然のRI, RaD(現在では^{210}Pbと表記する.半減期22年でβ崩壊して^{210}Biとなる)およびThB(^{212}Pb.娘核種である^{212}Bi, ^{212}Poのα崩壊を検出する)を用いて液体[26],固体[27]の鉛中の自己拡散をはじめて測定した.

　ヘヴェシー(G.Hevesy; 1885-1966)は「化学反応の研究におけるトレーサーとしての同位体の利用に関する研究」により1943年度のノーベル化学賞を受賞している.周期律表72番目の元素であるHfの発見者としても化学史に名前を残している.その主要な業績は2巻の書[28]にまとめられている.その自伝から一部を以下に紹介しておこう.

　ヘヴェシーは1911年から1914年の間,英国マンチェスター大学のラザフォード(E.Rutherford; 1871-1937)の研究室に滞在し,物理学の歴史における最大の発見の過程をつぶさに見守るという得がたい経験をした.原子核の発見に際してラザフォードがどのように実験を計画・実施・解析するかをごく近くで観察したのである.

　ラザフォードは当時オーストリア政府から,ヨアヒムスタール鉱山産出のピッチブレンドから抽出された数百キログラムの塩化鉛を入手しており,その中にはRaDが含まれていた.

　ある日私は塩化鉛が保存されている地下の実験室でラザフォードに会った.彼は「このいまいましい鉛からRaDを分離してくれないか」という.若くて楽観的であった私は二つ返事で引き受けた.それから1年間,ありとあらゆる分離方法を試み,全力

ヘヴェシー

を尽くした．あるときはうまく行ったと思ったのだが，結局それは RaD の崩壊生成物であるビスマスの同位元素，RaE であることが判明した．私の努力は徒労に帰したのである．この惨憺たる事態を打開するべく，「RaD は鉛と分離できない」という事実を何とか利用できないかと考えた．そこで，ラジウムエマナチオンを封じ込めた管からその崩壊物である純粋の RaD を採取して少量の鉛に添加し，これを標識鉛（トレーサー）として各種実験に用いることにした〔著者註：エマナチオンは ^{226}Ra が α 崩壊して生成する放射性希ガス元素，ラドン（^{222}Rn）である．ラドンは種々の崩壊経路を経て RaD（^{210}Pb）となる〕．

ヘヴェシーはハンガリーの生まれで，ブダペスト，ベルリン，フライブルグに学び，学位を得たのちチューリッヒ工科大学で高温化学の研究を始めた．

　私がチューリッヒに着任してまもなく，アインシュタインが理論物理の準教授として赴任してきた．私は 20 人ほどの聴衆の一人として彼の着任講義「電子の，電荷と質量の比の決定」に出席した．彼が研究室を訪問した際には案内役を買って出た…
　23 年後に訪米した折，パサデナでアインシュタインに会った．近くの理髪店に行ったところ，そこの親父さんの生涯の望みはかの有名なアインシュタイン先生の調髪を一度やってみることだという．「先生の頭は奥さんが手入れしているようだからその望みはかないそうにないね」といってやった．帰って来てアインシュタインにその話をすると，彼は私の頭を眺めながら「君の頭では物足りなかったので私の頭を手がけたいと思ったのだろう」という．私は髪が薄かったのである．

ブラウン運動の理論的解明をしたアインシュタイン

　はからずも，アインシュタイン（A.Einstein; 1879-1955）の名前が出てきた．彼はランダム ウォークをするブラウン粒子の易動度 μ と拡散係数 D の間の関係

$$D = \mu kT$$

を導いた．この式はアインシュタインの関係と呼ばれている．1905 年，アインシュタインが 26 歳の年に発表したブラウン運動の理論に関する論文は，原子の実在の証明の確かな手がかりを与えたものとして，同じ年に発表された他の

二つの論文（光量子論，特殊相対性理論）とともに重要な仕事と位置づけられている．

ところで，松浦辰男著『放射性元素物語』[29]をめくっていたらヘヴェシーについて面白い話があったので紹介しておこう．

ヘヴェシーが実際にやったといわれている，トレーサーの有効なことを示す一つの逸話があります．それはヘヴェシーが自分の下宿で前の晩に食べ残した料理がふたたび調理されてでてくることがあるようだと疑問を抱き，わざとビフテキを食べ残してそれにこっそりと放射性の鉛で印をつけておいたのです．そうすると案の定，翌日の食事に同じ肉が使われていたことを放射能の検出によって確かめることができました．独特の方法でインチキを見破ったヘヴェシーはさぞ心の中で快哉を叫んだことでしょう．ヘヴェシーはすぐにこの下宿を変わることにしたそうです．…

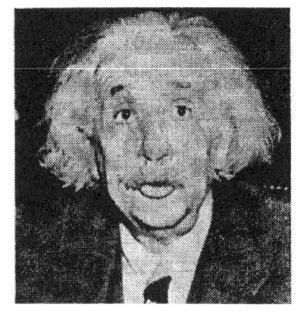

アインシュタイン

【参考文献】
1) 幸田成康：金属学への招待，アグネ技術センター (1998).
2) 小岩昌宏：拡散研究の歩み，まてりあ，**37** (1998), 347.
3) M.Koiwa：Historical Development of Diffusion Studies, Metals and Materials (大韓金属学会), **4** (1998), 1207.
4) E.A.Mason：Thomas Graham and the Kinetic Theory of Gases, Philos. J., **7** (1970), 99.
5) J.Craig：*The Mint −A History of the London Mint from A.D.287 to 1948*, Cambridge University Press (1953).
6) A.Fick：On Liquid Diffusion, Phil. Mag., **10** (1855), 30.
7) L.W.Barr：The Origin of Quantitative Diffusion Measurements in Solids: A Centenary View, Defect and Diffusion Forum, **143-147** (1997), 3.
8) H.J.V.Tyrell：The Origin and the Present Status of Fick's Diffusion Law, J.Chemical Education, **41** (1964), 397.
9) T.Graham：Liquid Diffusion applied to Analysis, Phil. Trans. Roy. Soc., **151** (1861), 183.

10) Charles Coulston Gillispie : *Dictionary of Scientific Biography*, Charles Scribner's Sons (1970).
11) W.C.Roberts-Austen : On the Diffusion of Metals, Phil. Trans. Roy. Soc., **A187** (1896), 383.
12) S.Dushman and I.Langmuir : The Diffusion Coefficient in Solids and its Temperature Coefficient, Phys. Rev., **20** (1922), 113.
13) G.Hevesy : Berichte der Wiener Akademie, Mathematisch-naturwissenschaftliche Klasse, Abteilung IIa **129** (1920), 549.
14) G.Tamman and K.Schonert : Z.Anorg. Chem., **122** (1922), 27.
15) H.Weiss and P.Henry : Comptes Rendus, **174** (1922), 1421.
16) Y.Shi, G.Frohberg and H.Wever : Phys. Stat. Sol. (a), **152** (1995), 361.
17) W.C.Roberts-Austen : Proc. Inst. Mech. Eng. Report 1 (1891), 543.
18) W.C.Roberts-Austen : Proc. Inst. Mech. Eng. Report 2 (1893), 102.
19) W.C.Roberts-Austen : Proc. Inst. Mech. Eng. Report 3 (1895), 238.
20) W.C.Roberts-Austen : Proc. Inst. Mech. Eng. Report 4 (1897), 33.
21) W.C.Roberts-Austen : Proc. Inst. Mech. Eng. Report 5 (1899), 35.
22) W.C.Roberts-Austen : Proc. Inst. Mech. Eng. Report 6 (1904), 7.
23) F.X.Kayser and J.W.Patterson : Journal of Phase Equilibria, **19** (1998), 11.
24) J.W.Gibbs : On the Equilibrium of Heterogeneous Substances, Trans. Connecticut Academy of Science, part I (1876) ; part II (1878).
25) H.W.Roozeboom : The Metallographist, **3** (1900), 293.
26) J.Groh and G.Hevesy : Ann.Phys., **63** (1920), 85.
27) J.Groh and G.Hevesy : Ann.Phys., **65** (1921), 216.
28) G.Hevesy : *Adventures in Radioisotope Research, The Collected Papers of George Hevesy*, Pergamon (1962).
29) 松浦辰男：放射性元素物語, [のぎへんのほん 元素をめぐって 2], 研成社 (1992).

10
転位論
―人名のついた用語にまつわるエピソード―

シンポジウム「固体物理学の始まり」

　転位論の本を開くと人名のついた用語・概念が頻出する．たとえば，パイエルス-ナバロ力，バーガース・ベクトル，フランク-リード源，コットレル雰囲気… 本章ではそれぞれ名祖（eponym）となった人々の用語に関連する回想などを紹介する．

　始めに出典について述べておこう．1979年4月30日から3日間，ロンドンの王立協会で「固体物理学の始まり」というシンポジウムが開かれた．その記録が "Proceedings of the Royal Society of London, Series A", 371 (1980), p.1-p.177 に掲載されている．発起人のモット（N.F.Mott; 1905-96）は開催の趣旨を以下のように述べている．

　　固体エレクトロニクスが今日の社会に与えた影響は非常に大きい．それによって新たな産業，新たな職業，新しい生産方法，そして新たな組織まで生まれてきた．他の多くの技術革新と異なり，この新たな技術は純粋かつ抽象科学の発展に負うところがまことに大きい．こういう発展の経緯についてはいずれ詳しい歴史が書かれるべきである．本書の目的はもっと局限されたもので，その科学の進歩に関与した研究者たちの思い出を集めることである…

　このシンポジウムには，コットレル（A.H.Cottrell），ハーシュ（P.B.Hirsch），ナバロ（F.R.N.Nabarro），パイエルス（R.E.Peierls），ゼーガー（A.Seeger）など転位論の発展に貢献した人々が参加し講演した．なお，転位に関する話題はその運動がはじめて電子顕微鏡で観察された1956年までのものに限定された．

固体物理学の早き日々の思い出－モットの回想

　固体の塑性変形と加工硬化に関する論文が，1934年にオロワン（E.Orowan），ポラニ（M. Polanyi），テイラー（G.I.Taylor）の3人によりそれぞれ独立に発表された．核，核分裂，中性子が発見された後になってようやく，「金属の延性のような身近な現象を原子の運動という視点から説明しようとすること」に物理学者たちが注意を向けはじめたという事実を私はいつも奇異に感ずるのである．その頃私はブリストルにいて，すでに「固体の物性」にかかわりあっており，とくにテイラーの論文に強い印象を受けた（他の2論文は独語であり，テイラーのは英語であるという利点はさて

モット
R.W.Cahn:*"The Coming of Materials Science"*(2001)より

おいても）．テイラーは今日我々がいうところの刃状転位のみを考えていた．…私はG.I.テイラーに対して，転位はどこからやってきて，すべり帯はどうしてできるのかとたずねたことを覚えている．彼はもちろんこれらの難点を十分承知しており，彼の論文は「単なるモデル」を論じたもので現実を記述したものではないと答えた．…私はこの論文から，結晶のせん断に対する抵抗は内部応力によるものであることを学んだ．ナバロと私は1939年，加工硬化過程を説明するのにこのアイディアを用いた[1]…

　転位モデルのその後の開花は戦後の10年の期間にみられた．重要な仕事としては，らせんおよび刃状転位に関するJ.M.バーガースの論文，結晶成長の理論および転位の生成における「フランク–リード源」，不純物による固着というコットレルの考え，パイエルス力に関する補足，そして種々のデコレー

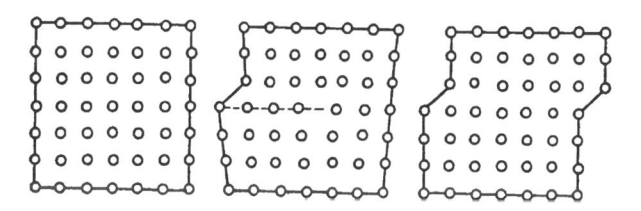

図10.1　テイラーの考えた転位によるすべり機構

ションによる静的な転位の観察という重要なステップを経て，ペーター・ハーシュとその共同研究者による，薄膜の電顕での運動転位の観察がある．キャベンディッシュの私の部屋に彼の学生たちがやってきて，「先生，動いている転位を見にお出でになりませんか」といった日のことを私は永遠に忘れないだろう．…

初期の固体物理学－パイエルスの回想

… 私が今一つ固体に関する問題に関わったのはまったくの偶然によるものであった．転位に詳しいオロワンが転位が格子内を動くときに感ずる力を記述するモデルを考え，数学が面倒そうだから見てくれないかと頼んできた．彼のモデルについて式を立てるのは簡単だったが，なんと非線型積分方程式になった．積分方程式のことは何も知らなかったし，まして非線型というのでは完全にお手上げであった．方程式の解は，変数（位置座標）が正の大きな数になるとある一定値に近づき，負の大きな数になると反対符号の同一の値に近づくような関数であることは物理的に明白であった．言い換えると逆正弦（arctan）と似た挙動をすることが期待された．ほんのいたずらのつもりで arctan を方程式に代入してみると，何とまあ驚いたことにそれが解ではないか!![2] その後の計算過程で私は exponential の指数に入るべき数が2であるところ4とするミスを犯してしまったのである．このエラーは何年も経ってからナバロにより訂正された[3]．私は，この結果を「物理」を考えたオロワンの名で，あるいは少なくとも共著の形で発表すべきだと思った．しかし彼はそれを拒否したし，私もそんなことで言い争うほど重要な論文ではないと考えていた．この論文はブリストルで開かれた会合で発表したが，そこにはオロワンは出席していなかったと思う．転位の物理学の池に投げ込まれたこの小石がつくり出す波紋の大き

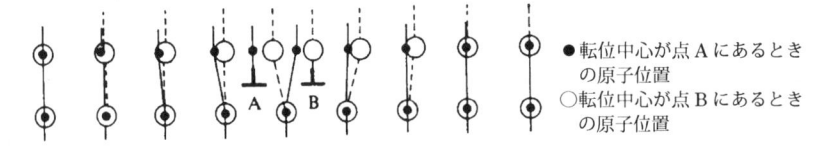

図 10.2 刃状転位が 1 原子距離動く際の各原子の局所的な動き
このときに要する応力がパイエルス力である

●転位中心が点 A にあるときの原子位置
○転位中心が点 B にあるときの原子位置

さを予見できたとしたら，私はもっと執拗に共著にすることを主張していたであろう．もっともその場合には，オロワンも「パイエルス-ナバロ力」をほとんど無視できる大きさにしてしまう「悲惨なる因子 2」の責任をともに負わされることになったのだが…

転位物理学の初期の思い出－ナバロの回想

…ブリストル大学の喫茶室には大きな黒板があり，多くの重要な結果がそこではじめて発表された．リードとショックレーは，低傾角粒界のエネルギーに関する彼らの有名な公式[4]はいくつかの研究室で独立に発見されたようだと述べている．私は例の黒板でそれを見て驚嘆したことがあるが，たしかチャールズ・フランクの筆跡だったように思う．われわれはお互いにそれぞれの発明に対してその名を冠し，名前を永遠に止めるように心がけた—曰くフランク-リード源，ショットキー部分転位，バーディーン-ヘリング源，フランク不動転位．

私どもはかなりしばしば歴史を誤って受け取っていることがある．いわゆるパイエルス-ナバロ力が実際にナバロと関連のあるところはほんの僅かで，オロワンの発明に帰すべきものであることはパイエルスが述べている通りである．応力のもとですべり面上に堆積する転位の数を与える "Eshelby, Frank & Nabarro" の公式のことを書いた論文[5]は，私が眺めることさえもしないうちにエシェルビーとフランクが書いて投稿したものである．とはいっても，この公式は私の要請により，当時のブリストルの数学の教授ハイブロン（H.A.Heibronn）により導かれたもので，もちろん私は主要な結果は承知していた．ハイブロンはそんなつまらぬ論文に名を連ねることは数学の分野における彼の名声を汚すものであるとして，頑として共著にすることを肯じなかったのである．

我が兄と私はどうして転位に興味を抱くに至ったか？
－ W.G. バーガースの回想

1920〜1930年の頃は，結晶の欠陥に関する概念ははなはだ曖昧なものであった．私がこのことについてはじめて眼を開いたのは，U. デーリンガーの詳

しい論文[6]を読んでからである．… それから私は格子欠陥とくに塑性変形に関連する論文をいつも読むようになった．とくに記憶に鮮明なのは1934年に発表されたかの有名な三つの論文である．テイラーの理論[7]は転位の自由移動距離を制限することによって硬化を導入しているのだが，変形が進むにつれてどうして転位の数が増えるのかについて何もいっていない．一方，オロワンの理論[8]は転位が連続的に作られる機構を与えているが，易動度を制約していないから硬化は起こらないことになる．この二つの理論をどうやって結びつけたらよいのか私にはよく分からなかった．そこで，当時デルフト工科大学の航空力学の教授であった兄，J.M. バーガースの助けを求めたのである（兄は1918年に23歳の若さで教授になり，1955年に渡米してメリーランド大学の流体力学の教授になった）．その成果は共著論文となって現れた（Nature, **135** (1935), 960）．

その後，兄は二つの論文[9][10]を発表した．これらの論文は転位の幾何学に関するもので，らせん転位の概念を導入し，さらに転位によって導入される変位は，転位線とベクトルによって特性づけられることを述べている．このベクトルはいまや「バーガース・ベクトル」と呼びならわされている．この光栄ある呼び名をどなたが初めて使われたのか知らない．命名者はもちろんのこと正式名称は "J.M.Burgers vector" であることを承知しておられたと思うが，初期には G, J, M, W の4つのイニシアルのどれと関係があるかをご存じないままこの用語を使っておられる方もあったように思う．それはもうずいぶん昔のことで，現在では誰も私の兄こそがベクトルの父であることを知っておられるはずである．私はその叔父さんにあたる訳で，まことにうれしく思っている次第である．

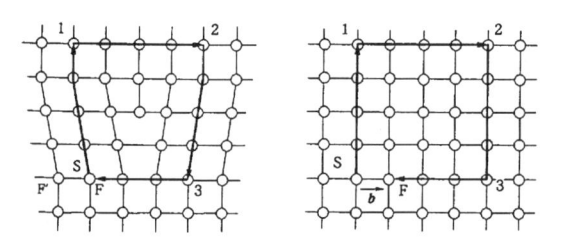

図 10.3 バーガース回路とバーガース・ベクトル

フランク–リード源–フランクの回想

　それは誠に不思議な偶然であった．私は米国のピッツバーグで開かれる結晶塑性の会議に招かれていた．当時アメリカの著名な冶金学者の多くは「転位なんてあるものか，あるなら見せてくれ」，「理論屋の空想の産物さ」という態度をとっていた．だから私は心中ひそかに期するところがあった．転位は確かに存在すること，それは円とか三角形と同じようにリアルであること，それは必要な幾何学的配置であること，結晶がすべる時には転位が存在せざるを得ないこと，を明確に説いてくるつもりであった．当時描かれていた描像によれば転位は結晶の自由表面から抜け出すか，あるいはモザイク境界で停止してその役目を終えると考えられていた．塑性変形が相当量起こるからには，結晶内で転位が何らかの方法で作られているはずである．私はその機構として以下のようなことを考えていた．転位の運動速度が大きくなり，音速の 0.866 を超えると新たな転位を作り出すに十分な運動エネルギーを持つことになる．こういう転位が他の転位と衝突すると新たな一組の転位が生まれるはず … というものである．

F. C. フランク
R. W. Cahn : *"The Coming of Materials Science"* (2001) より

　ピッツバーグについたらエシェルビーからの手紙が私を待ち受けていた．「ライブフリードの論文を読んだか？ 通常の実験条件のもとでは転位の速度が音速の 0.07 倍を超えることはないということだ」というのである．私はまだその論文を読んでいなかったので，カーネギー工科大学の図書館へ行ってその雑誌がもうついているかどうか聞いた．「今日ドイツから着いた荷物があるから多分その中だろう」ということで開けてみたら確かに入っていた．ライブフリードの論文を読み，コーネルで講演することになっていたので時間ぎりぎりで汽車をつかまえた．イサカ（Ithaca）には昼食前に着いてしまった．「今日は午後会議があるから 5 時まで何とか時間をつぶして …」とほうり出されてしまった．そこで，3 時から 5 時までコーネルのキャンパスを一人で散歩した．

ライブフリードの理論はまちがいかもしれない，でももし正しいとしたらどうしたらいいだろうか？ …と自問自答しながら，キャンパスを歩き回っているうちにふと思いついたのは，結晶内部の転位は結晶表面の成長ステップとさして異なるものではなく，幾何学的には同じだ，ということである．「そうだ．転位はすべり面上でうねり曲がってスパイラルになるのだ」と自分に言った．

さてコーネルで結晶成長の理論について講演し，パーティに出，翌朝スケネクタディに行った．オロワンの家でジョン・フィシャー（John Fisher）など数人と一緒にビールを飲みながらこの話をして「どこか具合の悪いところがあるだろうか？」と聞いてみた．ジョンは「いやどこも悪いところはないよ」という．翌日ゼネラル・エレクトリックの連中と車でピッツバーグへ向かい，ホテルのロビーに集まりお互いに紹介しあった．フィシャーがソーントン・リード（Thornton Read）を連れてきた．ソーントンは紹介が済むとすぐに「フランク，ちょっと話したいことがあるんだ」といい，フィシャーは「フランクも君に話したいことがある」と答えた．話し始めてみると，お互いに基本的には全く同じことを言っていることが分かった．「いつこのことを思いついた？」と聞くと「水曜の午後，お茶を飲んでいる時だから4時頃かな」そこで私は言った．「私はコーネルのキャンパスを3時から5時まで散歩している時だった」，「これは共著の論文[11]を書くしかないな」という次第である．

まことに驚くべき時間的一致であった．二人はともに同じ会議に出席するために準備しており，同じ問題に思考を向けていたから条件はそろっていたが，奇しくも同じ時刻に焦点を絞っていたのであった．

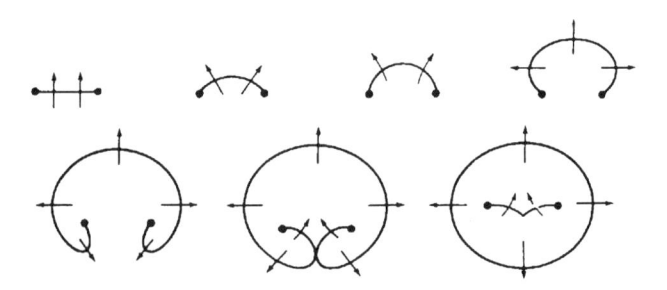

図 10.4 フランク - リード源の活動時における転位の動き

金属中の転位：バーミンガム学派, 1945-55 －コットレルの回想

　1946年の末頃，私はナバロの論文を読んだことを覚えている．この論文は合金中にランダムに分布した不純物原子に転位がひっかかる可能性を論じている．これを読んで，もしこういう原子が動くことができて，転位の応力場のもとで拡散するとしたらどうなるだろうかと考えた．初めは雪かきのように移動する転位が不純物原子を掃き寄せることを想像したのだが，もし不純物原子の方が転位線に向かってやってきて，「錨をおろす」もしくは「固着する」としたらもっと面白いことになると思った．しかし，いろいろ実験で忙しかったので，こういう考えはしばらく脇にのけておいた．ところが1947年の初め，全国的な電力危機のため数週間にわたって実験中断を余儀なくされた．凍てつくような部屋で，オーバーを着込んだまま腰掛けて，さてどうしたものかと皆考え込んだ．私はこの機会に弾性論を学び，転位と溶質原子の間に働く力を計算しようと思った．

　重畳した弾性場のひずみエネルギーを固体の体積全体にわたって積分する直接的な方法では泥沼に踏み込むような厄介なことになってしまった．突然気付いたのは，転位の応力場の中で溶質原子を「膨張」させ，局部的な力に対してする余分な仕事を計算すればよい，ということであった．これはやさしい方法で，その後転位に関する問題でよく使ったが，ただちに興味ある結果が得られた．結合エネルギーが kT（室温における）よりずっと大きいことは十分ありうることで，寸法が違う原子が転位のところに偏析して強い効果をもつことが期待できた．こうした偏析は化学エッチングで検出できるはずだと思ったが，自分では手を下さなかった．転位を不純物原子でdecorateすることによって「見る」という手法はのちにラコンブ（Lacombe），ミッシェル（Mitchell）らにより開発された．

　手を下さなかったのは，構造用鋼の降伏現象を偏析した原子による転位の固着により説明するという可能性に心を奪われていたためである．すでに降伏現象は微量の炭素，窒素に関連することを示唆する実験結果が報告されていた．

コットレル
A Cottrell:*"Introduction to the Modern Theory of Metals"*(1988)より

これらの元素は鉄中に侵入型に固溶して格子を強くひずませ，大きな弾性相互作用があること，非常に動きやすくて室温でも転位の方へ移動することが分かっていた．

ジャスウォン（Jaswon）と私は時効理論を転位がゆっくり動いている場合に拡張し，ポルテバン－ル・シャトリエ効果の説明にも用いた．これはのちに，耐クリープ性低合金鋼の開発に際しても応用された．

1948年にハイデンライヒ（Heidenreich）とショックレイ（Shockley）が発表した先駆的論文に刺激されて，1950年代の初めには我々の興味は部分転位に向かった．交叉するすべり面上にある転位間の相互作用にはとくに興味を引かれた．この頃，実験的研究によって，交叉するすべり系で塑性変形が起こる場合に加工硬化が顕著であることがはっきりしてきたからである．二つのすべり系の交線で起こりうる転位反応をローマー（Lomer）が考えついたが，それはさらに新しい種類の部分転位（ステア・ロッド転位）となり完全に不動化して強い障壁になりうることに気付いた．

部分転位という概念は新たな可能性を切り開いた．これとフランク－リード源とを組み合わせて，ビルビー（Bilby）と私は1951年，変形双晶の成長機構としてポール機構を提案した．バーミンガムでの転位に明け暮れた10年間はまことに楽しい時期であった．それ以後私はほとんど転位に関する仕事はしていないが，転位論は他の問題に進む入り口として最も有用なものであると考えている．

透過電顕による転位の直接観察－ハーシュの回想

ウィーラン（M.J.Whelan）は1954年，研究生として私のグループに加わり，転位を回折コントラストで観察する可能性を追求することとなった．最初の年は試料をイオン・ビームで薄くする装置を作ることに費やされた．これは，キャスティン（Castaing）が時効硬化したAl-Cu合金中のGPゾーンを電顕観察するために開発した技術である．1956年10月，ウィーランは新しいシーメンスの電子顕微鏡（Siemens Elmiskop I）を使ってAlとAuを観察した．Alのサブバウンダリーはdotやshort lineで構成されていることが分かった．その間の間隔は，二つの粒の方位差の測定値を用いフランクの公式で計算した値とよく一致するのでdotやshort lineはおそらく1本の転位だろうと考えた．

しかし，二つの結晶の重なりによるモワレ効果によるという可能性もあるので断定できなかった．

私どもは電顕写真は回折パターンと対になっているべきである，と常々主張していたので，ホーン（Horne）は通常顕微鏡モードから回折モードへ簡単に切り換えられるような条件で電子顕微鏡を使っていたが，こういうときにはダブル・コンデンサー系を使うことはできなかった．これはElmiskop I の具合の悪い点で，たぶん生物屋向きに設計されているためであろう．1956年5月3日，ホーンはダブル・コンデンサー系を用いる高分解能モードで操作していた．ビーム強度を増すためにコンデンサー絞りを抜くと，"line" が (111) 面のトレースに平行に動くのが見られた．もはや "line" が個々の転位の像であることに疑いの余地はなかった．シネ・フィルムに撮って交叉すべり，転位の張り出し，表面酸化膜による固着などを観測した．この研究は1956年7月にレディングで開催された物理学会の電顕グループの会合でウィーランが報告し，Al についての結果はまもなく "Phil.Mag." に発表した[12]．モットも G.I. テイラーも転位が動くのをみて喜んでくれた．このときまでに，成長スパイラル，優先エッチング（析出）などの証拠により，多くの物質中に転位があることは確立されていたが，ごく普通の金属中の転位を直接結像させて，それが動くのをみることができるという事実は確信をいっそう強めさせるものであった．

ハーシュ

これらの実験とは独立に，ほぼ同じ頃ジュネーブの Battelle Memorial Institute のウォルター・ボルマン（W. Bollmann）が電解研磨で薄くしたステンレス鋼について同様な観察を行っていた．彼は試料を横切る線を転位であると解釈し，コントラストは格子定数の変化によるとしていた．レディングの会議には彼も参加しており，最初の結果は1956年に "Physical Review" に発表されている[13]．

ステンレス鋼は研究するのに非常に都合のよい材料であり（積層欠陥エネルギーが低く，固溶体硬化による固着がある），ボルマンの研磨技術はまことに素晴らしいものであった．転位の相互作用，積層欠陥，コントラスト理論に関

する詳しい研究の多くはステンレス鋼について，ウィーランにより，一部はボルマンとも協力して行われた[14)〜16)]．

その後に続く数年間は胸躍る時期で，技術を開発し，コントラスト理論を構築し，それを使って転位の構造と機構（その多くは理論家によって以前に提案されていたものであるが）を研究するという類い稀な幸運に恵まれたのであった．まことよき時に生き合わせたるかなとしみじみ感じたものである．

振り返って思うに，私どもはついていたというべきであろう．変位による位相変化のために積層欠陥がコントラストの原因となるだろうという推測は正しいことが明らかになった．しかし，Al中の転位の像のコントラストは，応力場ことに格子面の曲がりによるもので積層欠陥リボンによるものではなかった．電子顕微鏡の専門家が多結晶試料についての経験から言っていた厚さよりも，異常透過（ボルマン）効果によりもっと厚い単結晶試料で観察が可能なはず，という考えも正しいことが示された．しかしながらもっとも重要なことは，丁度良い時期に新世代の電子顕微鏡を使用する機会に恵まれたことであろう．もし，ボブ・ハイデンライヒ（Bob Heidenreich）が1949年にSiemens Elmiskop Iの分解能とダブル・コンデンサー照明を備えた電顕で写真を撮ったとすれば，個々の転位を，そしてそれが動くの観察したに違いない．事実，彼の論文に載っている写真をそう思って眺めてみると，多分個々の転位の像によると思われるコントラストやすべりのトレースが識別できるのである．

固体物理学の歴史を描いた『結晶の迷路から』

以上は，「転位論 — 黎明期のエピソード」として著者が『日本金属学会会報』23（1984）479に紹介したものとほぼ同じ内容を再録したものである．冒頭で述べたように，これらは1979年4月にロンドンで開かれたシンポジウムの内容を主とするものである．この集まりの際に，単にあれこれのエピソードを寄せ集めるだけではなく，この分野の発展について組織的，学術的な歴史研究をすることの必要性が認識された．そして，英国および米国で組織的な努力が始められ，International Project on the History of Solid-State Physics が発足した．その成果のひとつとして下記の本が出版された．

  "Out of the Crystal Maze: Chapters from the History of Solid-State Physics",

Edited by L.Hoddeson, E.Braun, J.Teichman and S.Weart, Oxford University Press,1992.

タイトルを邦訳すれば『結晶の迷路から』というところであろうか？ E.Mollowo, N.Mott, F.Seitz の 3 人によるこの本の前書き（Foreword）は以下のように述べている．

> のちの世代が 20 世紀という知的にも社会的にも誠に多彩な展開があった時代を振り返るとき，固体物理学が枢要な位置を占めるに至った歩みこそが何にもまして意義深いものであると感ずるであろう．世紀の初頭にはごく一握りの専門家の興味の対象でしかなかった固体物理学であるが，その分野における発見が情報，通信，計算，娯楽といった明々白々な分野は云うに及ばす，大文学から防衛に至る広範な分野で，新たな展開への道を開いたのである．この偉大な発展の物語は，我々の時代の歴史の主要な一部分であるのは明らかである．ところが，その固体物理の発展の歴史は，歴史家は言うに及ばず一般大衆はおろか，この分野の若い研究者さえ知らない…

約 700 頁のこの書は，9 章からなっている．その一部の章のタイトルを記しておく．

第3章　The Development of the Band Theory of Solids, 1933-1960
第4章　Point Defects and Ionic Crystals: Color Centers as the Key to Imperfections
第5章　Mechanical Properties of Solids
第6章　Magnetism and Magnetic Materials
第7章　Selected Topics from the History of Semiconductor Physics and Its Applications

このうちの第 5 章は本稿の前半で述べた研究者たちの回想をもとに執筆されたものである．本書は，物理学，物理教育学の学部あるいは大学院教育を受けたのち，科学史を専攻し，科学博物館，図書館，大学等に勤務する著者らによる力作で，固体物理学の研究者に是非関連部分の一読を薦めたい．

【参考文献】

1) N.F.Mott and F.R.N.Nabarro : Proc. Phys. Soc., **52** (1940), 86.
2) R.Peierls : Proc. Phys. Soc., **52** (1940), 34.
3) F.R.N.Nabarro : Proc. Phys. Soc., **59** (1947), 256.
4) W.T.Read and W.Shockley : Phys. Rev., **78** (1950), 275.
5) J.D.Eshelby, F.C.Frank and F.R.N.Nabarro : Phil. Mag., **42** (1951), 351.
6) U.Dehlinger : Annln Phys., **2** (1929), 749.
7) G.I.Taylor : Proc. Roy. Soc. Lond., **A145** (1934), 388.
8) E.Orowan : Z. Phys., **89** (1934), 605.
9) J.M.Burgers : Proc.R.Neth. Acad. Sci., **42** (1939), 293, 378.
10) J.M.Burgers : Proc. Phys. Soc., **52** (1940), 23.
11) F.C.Frank and W.T.Read: Phys. Rev., **79** (1950), 722.
12) P.B.Hirsch, R.W.Horne and M.J.Whelan : Phil. Mag., **1** (1956), 677.
13) W.Bollmann : Phys. Rev., **103** (1956), 1588.
14) M.J.Whelan : Proc. Roy. Soc. Lond., **A249** (1959), 114.
15) M.J.Whelan and P.B.Hirsch : Phil. Mag., **2** (1957), 1121, 1303.
16) M.J.Whelan, P.B.Hirsch, R.Horne and W.Bollmann : Proc. Roy. Soc. Lond., **A240** (1957), 524.

11
ヒューム-ロザリー
—その生涯と業績—

　金属学，特に合金学の本を読んでいるとヒューム-ロザリー則という語を眼にすることが多い．ヒューム-ロザリーは英国の金属学者で，経験的な冶金学に科学的な基礎付けを与えた人である．本章では，その生涯と業績を紹介する．

その生い立ちと生涯

　ヒューム-ロザリー（William Hume-Rothery；1899-1968）は1899年5月15日に生まれた．ハイフンでつながれた彼の姓は，祖父（William Rothery）がMary Hume（女流作家）と結婚しHume-Rotheryと名乗ったことによる．チェルトナム・カレッジを卒業し，軍人を志して陸軍士官学校（Royal Military Academy）にすすんだヒューム-ロザリーは，1917年初頭，脳脊髄膜炎におかされ，長期の病院生活ののち回復したものの完全に聴覚を失ってしまった．軍人への道を閉ざされた彼は，オックスフォードに入学し化学の道を選んだ．そして，土立鉱山学校（Royal School of Mines）のH.カーペンター教授の下で金属間化合物の研究を行い，1925年，ロンドン大学より学位を受けたのちオックスフォードへ戻った．有機化学の教授の好意でその実験室の一隅の実験台で仕事をはじめた彼は，種々の合金の状態図に関する系統的な

ヒューム-ロザリー[1]

研究を行い，次々と成果をあげる．1930年には無機化学の研究グループに移り，一室と覆いつきの中庭を占めるほどに研究室も拡張を見る．

1932年の中頃，彼の初期の研究のうち最も野心的な部分が完成に近付きつつあった．この頃，旧師にあてた手紙で次のように述べている．

> 4年間続けてきた研究はいよいよ最後の局面を迎えつつあります．CuとAgを基とする合金について凝固点，融点と原子価を関連付ける法則を発見しました．また固溶体におけるB族元素の溶解度を決める法則も見出しました．合金はラウール-ファント・ホッフの法則には従いません．しかし，例えばCu-Zn系について凝固温度曲線が与えられれば，Cu-Ga, Cu-Ge, Cu-Al, Cu-Si, Cu-Snその他どんな3元，4元合金についても凝固温度曲線を計算することができます．

1937年，ヒューム-ロザリーは王立協会会員（Fellow of Royal Society）に選ばれ，1938年にはLecturer（講師，金属化学）の席を得て，初めて正規の大学職員になった．ヒューム-ロザリーの業績は学界ではただちに高い評価を受けたが，産業界の冶金技術者たちにはなかなかその意義が理解されなかった．彼は「合金形成の基本原理の理解が工業界に欠けているがために，有用な合金開発が遅れており，材料開発や改良があまりに経験的手法に頼りすぎている」と感じていた．彼はしばしば金属工業を，すでに確立された原理に立脚している化学工業と対比した．産業界には「英国金属学会（Institute of Metals）は理論的な論文ばかりで，実用的な論文を僅かしか出版していない」と批判する人もいた．実用合金の状態図研究の重要性は理解できても，周期表における相対的位置を重視して選んだ合金系に関する研究は「おあそび」ではないかと考えたのである．ヒューム-ロザリーはこのような産業界の態度に屈することなく努力を続け，次第に産業界の人々も，伝統的に経験的な冶金学に科学的な基礎付けを与えようとする仕事の意味を理解するようになった．

1936年，英国金属学会が発行した *"The Structure of Metals and Alloys*（金属と合金の構造）"はこのようなヒューム-ロザリーの研究姿勢の成功の偉大な第一歩といえよう．この書はそれまでほとんど経験の集積に過ぎなかった冶金学に理論的な基礎付けを与えた最初の書であり，特に若い人々から歓迎された．

ヒューム-ロザリーの小さな研究グループは恵まれない環境のもとで偉大な成果をあげたが，当時のオックスフォードには冶金学科がなく，彼の研究に参

加したのは化学あるいは物理の卒業生または他大学の冶金の卒業生であった．第二次大戦の間に研究グループは「二つの部屋と中庭」を占めるほどに大きくなった．戦後，グループの興味は金属の変形の理論，固体の相変態にまで広がり，研究は冶金学的色彩がいっそう強いものになってきた．またこの頃，オックスフォード市内や近郊に金属関係の工業，研究所（例えばハーウェルの原子力研究所）が生まれ，オックスフォード大学に冶金学の研究センターを作るべきだという要望が高まってきた．

1954年秋の金属学会はオックスフォードで開かれた．ヒューム‐ロザリーの研究グループの量質ともにすぐれた研究成果と貧弱で狭隘な研究設備・環境の対比はあまりに歴然としており，この学会に出席した人々の間にヒューム‐ロザリーを物心両面で援助しようという動きが起こってきた．その最初の具体的表れが鉄鋼会社による上級講師席，George Kelly Readership の寄贈であり，ヒューム‐ロザリーは1955年，初代の George Kelly Reader に選ばれた．

1956年にはそれまで化学の一分科であった冶金学が一つの独立した専攻課程として認められ，産業界からの基金をも受けて新しい建物の計画も具体化してきたが，まだ冶金学教授の席のめどはたっていなかった．そのために必要な基金を求めて友人たちが奔走し，ウォルフソン財団からの6万5千ポンドの寄贈により Issac Wolfson 教授席が設けられ，1957年11月19日，ヒューム‐ロザリーは初代教授に就任した．しかし，彼にとってこの地位につくことは少なからぬためらいを覚えることであった．彼は一研究者であることで十分幸福であったし，聴覚障害の身で学科を率いて指導することができるだろうかと思い悩んだ．また果たして冶金学科に優秀な青年子女が集まるだろうかというのも大きな心配であった．

10万ポンドを投じて建てられたビルディングは1960年5月31日に完成した．1925年に一つの実験台から出発したオックスフォード冶金学は35年の歳月を経て十分な設備を備えた独立した学科に成長したのである．

ヒューム‐ロザリーは1966年に退官したが，他大学における講演，著作や旧著の改訂，その他の予定が数多くあるというまことに「活動的な引退」であった．退官後も変わらぬ活力で仕事を続け，生活を楽しんでいたヒューム‐ロザリーを知る人々にとって，1968年9月27日の「巨星墜つ」の知らせは大いなる衝撃であった．

先に述べたようにヒューム-ロザリーは少年時代の重病により完全に聴覚を失ったが，家庭内では読唇術により「聞き取る」ことができ，周囲の人々にあまり不便を感じさせなかった．各種の委員会や会議では「筆記者（学生の一人がこの役をつとめた）」を用いることにより十分その職責を果たした．また声の大きさを制御することを学んで，講演も立派にやることができるようになった．彼の講演は熱情をこめてなされたので聴衆もその情熱に引き込まれるのが常であった．

彼は釣りと絵画の趣味をもち，海岸や山の写生を好んだ．用があってロンドンへ出る際には展覧会や画廊を訪れるのを楽しみにしていた．また学生時代には不自由な体であるにもかかわらず，スキー旅行を組織するなど活動的であった．オックスフォード対ケンブリッジのラグビーの試合は欠かさず観戦したし，クリケットの試合を見るのも好きだった．彼は人生を楽しみ朗らかに生きた．

ヒューム-ロザリーの業績

ヒューム-ロザリーはその生涯を通じて 170 を越える原著論文を発表した．それらの内容は実験，理論の両面にわたっているが，いずれも金属合金の本性，合金と中間相の形成の理解を深めることを目指している．

ヒューム-ロザリーの法則

彼の初期の論文の重点は，多くの金属間化合物の化学量論的な関係が無機化合物で知られている原子価則と一致しない理由を説明することにおかれている．B族元素を含む銅合金の体心立方 β 相は，その化学組成こそまちまちであるが価電子と原子数の比が 1.5 であることを見出した経緯はロンドン大学へ提出した学位論文 [HR2][注] に記されている．この時期に X 線回折の手法が金属，中間相の結晶構造を決定するために使われるようになり，ヒューム-ロザリーのアイディアと新たな構造に関する知見が結び合って「電子化合物」という概念が成立した．この用語は，合金中の総価電子数 e と総原子数 a との比，e/a（電子濃度）がほぼ 3/2, 21/13, 7/4 の組成で生ずる体心立方相（$CuZn$, Cu_3Al, Cu_5Si など），γ 黄銅相（Cu_5Zn_8, Cu_9Al_4, $Cu_{31}Si_8$ など），最密六方相（$CuZn_3$, Cu_3Si など）に対して用いられる．なお，価電子数は外殻電子の数で，Cu, Ag,

---

[注] 末尾論文リスト参照

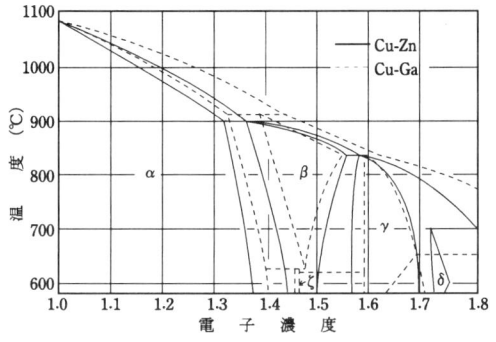

図 11.1 Cu-Zn, Cu-Ga の状態図 [HR138]
電子濃度に対して描くとほぼ重なる

Au の貴金属では 1, Zn は 2, Al は 3, Si は 4 である. 図 11.1 は，Cu-Zn と Cu-Ga の平衡状態図を電子濃度で描いたものである [HR138]. 二つの状態図がほぼ重なることは，合金の構造や安定性に電子濃度がかかわっていることを雄弁に物語っている.

学会にもっとも大きな衝撃を与えたのは，1934 年 2 人の学生との共著で発表された論文 [HR17] である. これは Cu または Ag と B 族元素との多くの合金について，注意深い熱測定により液相線を定め，金相学的手法により 1 次固溶体の溶解度−温度曲線を決定した結果を述べたものである. この論文で成分元素の相対的な原子の大きさが固溶限と関係あること，具体的には溶媒と溶質の原子半径が 15% 以上違うと固溶体を作るのが困難になることがはじめて指摘された. 例えば Cu(2.55Å)-Zn(2.66Å) では大きさが近いので固溶体を作りやすく，Zn は Cu 中に 38at.% まで溶け込む. Cu(2.55Å)-Cd(2.97Å) 系では Cd は 1.7at.% までしか溶け込まない. Cu を基準にした原子半径は Zn は 1.04, Cd は 1.165 である. また，原子半径の差が ±15% 以内の合金については，最大固溶度は溶質原子の原子価と系統的な関係にあることが示された（最大固溶度は e/a が 1.4 の組成に対応）.

以上に述べた仕事は合金に関する「ヒューム-ロザリー則（Hume-Rothery Rules）」としてよく引用されるものであり，冶金学者のみならず固体物理学者の間にも関心を呼び起こした. 当時，ブリストル大学にあったモットとジョーンズは量子力学理論にもとづいた金属電子論，ブリルアン帯の考え方により

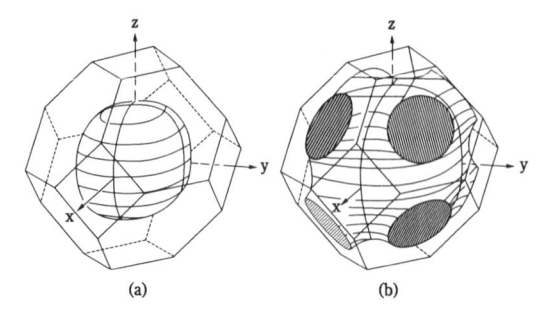

図 11.2 面心立方格子の第 1 ブリリュアン帯とフェルミ面
1930 年代に合金の電子論が初めて提唱されたとき $e/a=1$ の純銅のフェルミ面は (a) のごとくほぼ球状で e/a をかなり増加させることにより (b) のような球状になると考えられていた.

金属合金の安定性に関する研究を進めていた. 彼らの研究とヒューム - ロザリーの研究には強い相互作用が生まれ, 長年にわたって続いた.

状態図と固溶体

ヒューム - ロザリーは 1933 年頃, X 線発生装置を購入し, 合金の格子定数の測定を開始した. 手はじめの仕事はやはり Cu, Ag 合金であったが, 試料の純度, 実験方法, 化学分析, フィルムの測定などに細心の注意を払い精度の高い結果を出した. 希薄銅合金においては同一濃度の合金元素添加による格子のひずみは

　　　　Zn-Ga-Ge-As 系列に対しては 3:4:5:7

　　　　Cd-In-Sn-Sb 系列に対しては 2:3:4:6

であることを示した [HR20]. また, Mg 合金 [HR37], Al 合金 [HR72], 遷移金属の合金 [HR107, 111] についても一連の測定を行った.

　液相線以下の平衡状態図を作成するにあたってヒューム - ロザリーが好んで採用したのは金相学的方法（所定の温度に保持し平衡状態にしたのち, 急冷, 切断, 研磨, 検鏡）である. 彼は眼で詳細に観察することによってのみ, 第 2 相の存在, 試料の均一性, 偏析の有無, 固相変態の有無がわかると主張した. この方法により相境界線の位置（温度, 組成）が決められた.

遷移金属合金の研究

　ヒューム-ロザリーの興味は高融点金属合金にも広がっていった．高温熱分析の巧妙な方法，真空または不活性気体中の熱処理法を考案し，それまであまり研究がなされていなかった問題に取り組んだ．Cr-Mn系［HR88］に関する研究もその一つである．

　ところで高融点の金属材料はそのほとんどが遷移金属を主体とするものであるが，遷移金属の電子構造に関して多くの人が興味を抱いていた．ヒューム-ロザリーが仕事をはじめた時期には二つのモデルが提唱されていた．その一つは集団電子（collective electron）モデルであり，遷移金属の特性をd bandの不完全性から説明しようとするものである．たとえばCuの3d bandは10個の電子で完全に満たされ，3dよりエネルギー的に高い位置にある4s bandに1個の電子が入っているのに対し，周期表ですぐとなりにある元素Niでは3d bandに9.4個，4s bandには0.6個の電子がはいっており，3d bandの0.6個のholeがNiの磁気的性質を決めているというのである．

　いまひとつのモデルはポーリング（Linus Carl Pauling；1901-94）の提唱による共有結合の考え方に立つものである．このモデルでは結合にあずかる電子の数を化学の考え方から導く．すなわち周期表の第1長周期において，結合電子の数はK(カリウム)における原子あたり1個からVの5個まで順に増加し，これがこの系列における融点と凝集エネルギーの増加傾向と対応している．遷移金属の融点がほぼ一定の高い値を示し，原子間距離もほぼ一様であることは，これらの金属では結合にあずかる電子の数が近似的に　定数であることを示唆している．この一定数以上の電子は非結合軌道に入り，磁気的性質を決定する．ポーリングの仮説によれば，Niの場合アルゴン閉殻の外側にある10個の電子のうち5.78個は結合軌道，4.22個は非結合軌道に入る．また低温におけるFe-Co合金の最大飽和磁気能率の実験結果（図11.3）から，ポーリングは非結合軌道の数は1原子あたり最大2.44個で，各軌道は反対スピンの2個の電子を収容し得るものと考えた．電子はできる限りスピンを平行に保とうとする(フントの規則)から，Niの4.22個の非結合電子は2.44個が一方向のスピン，1.78個が反対方向のスピンをもつことになり，結局Niは0.66ボアー・マグネトンの磁気能率を持つことになる．ポーリング流にはNiの「原子価」は5.78，Cu, Zn, Ga, Ge, Asのそれは5.44, 4.44, 3.44, 2.44, 1.44ということになる．

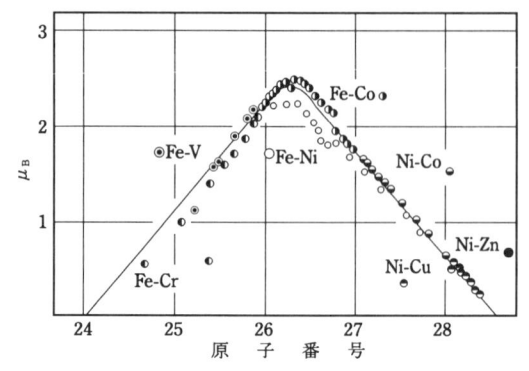

図 11.3 鉄族遷移元素とその合金の1原子あたりの飽和磁気能率

ヒューム-ロザリーは以上二つの解釈の仕方の相互関係，優劣について深く考察し公平な態度で論評した［HR85, 106, 110］．彼の結論は以下の通りである「ポーリングの仮説は確かに多くの合金，中間相における原子間距離や構造について矛盾のない説明を与えることは認めざるを得ないが，遷移金属やその他の金属・合金について一般的に議論する場合には集団電子模型を採用した方がよい」．

Average Group Number

上述のように遷移金属の原子価にはあいまいさがある．このためヒューム-ロザリーは電子的因子の影響を論ずる際，Average Group Number (AGN) を好んで使用した．例えば，Ti-V-Cr-Mn-Fe-Co-Ni の元素系列において各元素の group number は，アルゴン閉殻の外側にある電子の数（Ti：4, Ni：10）にとり，50Fe-50Co 合金の AGN は 8.5 とするのである．この見方に立つと，Fe に対して1%の Co の添加は 0.5% Ni に相当し，1% Cr は 0.66% V または 0.5% Ti に相当する．実際には同一の AGN においても格子のひずみが著しく異なるためにこのような単純な関係は成立しないけれど，定性的な傾向は歴然としている．すなわち，Fe に合金元素を加えたときの格子膨張の大きさを溶質原子1%あたりで比較すると，Mn<Cr<V<Ti, Co<Ni<Cu の順になる．また，Ni, β-Co, γ-Fe を溶媒として Cr, V を溶質とする2元面心立方合金の固溶限はいずれも AGN が 7.7〜7.8 の領域にある．Mn が溶媒のときは例外であるが，上述の関

係は Cu, Ag 中の B 族元素の固溶度に関する初期の結果と類似している．

　ヒューム-ロザリーとその協力者たちは遷移金属の合金系に現れる各種の中間相についても AGN による統一的説明を試みた．特に周期表におけるⅣ, Ⅴ, Ⅵ族元素とⅦ, Ⅷ族元素の2元合金には多くの複雑な中間相が出現するが，AGN の増加順に整理すると，

　体心立方構造，Cr_3Si 構造，σ, μ, χ 構造，最密六方構造，面心立方構造

となり，σ 構造は AGN=5.6～7.6, χ 構造（αMn 型）は AGN=6.2～7.0 で出現する．これら複雑な構造の中間相においても，「構造の安定性を決める主要な因子は原子寸法因子よりも電子的な因子である」というのがヒューム-ロザリーの主張である．

執筆活動

　ヒューム-ロザリーは研究者として偉大な成果をあげたが，著作者としても難解な事柄を分かりやすく解説するという困難な仕事に大きな成功を収めた．初期の研究の過程において，彼は合金の構造を議論する上で原子構造や固体の理論を明快に理解することの重要性を痛感し，このことを他の人々にも伝えたいと考えた．

　1936年に出版された *"The structure of metals and alloys"* は冶金学の分野に大きな反響を呼び起こした．この本は，冶金学を学んだ人たちを対象として，原子構造，金属状態の理論の概要を紹介し，平衡状態図の形状，固溶限，中間相の形成が原子の寸法や電子的な諸因子によりいかに影響されるかを論じており，構造金属学の科学的基礎を与えた書といえよう．ヒューム-ロザリーはこの本の内容を常に時流に遅れないようにするため心を砕いた．第3版（1954），第4版（1962）は Raynor との共著で，第5版（1969）は Smallman, Haworth との共著で発行された．

　ヒューム-ロザリーは金属を理解するためには原子論・量子力学を学ぶ必要があると感じていたが，昔の冶金学科ではこうした教育は行われていなかった．1946年に出版された *"Atomic theory for students of metallurgy"* はその当時新しかった量子力学の意味するところを分かりやすく説いたもので，物理学や数学の知識に乏しい読者にも基本原理とその応用が理解できるように解説した名著である．この本は 1952, 1960, 1962 年に改版されている（吉岡正三訳，

『金属学のための原子論』, コロナ社, 1968).

この本は学生にとってはすぐれた教科書であるが, 古い世代の教育を受けた人々にはなじみにくいという声があった. ヒューム-ロザリーはこの点に気を使い, 工業界に働く冶金技術者の間でよく読まれている週刊誌に判りやすい読み物を連載した. これは老冶金技術者 (old metallurgist) と若い科学者 (young scientist) の対話の形でかかれており "Electrons, atoms, metals and alloys" と題して 1948 年に出版された (鈴木 平 監訳, 『対話金属基礎論』, アグネ, 1971).

ヒューム-ロザリーは, 死ぬ前にぜひ彼の理論的なアイディアを鉄合金に適用した本を書きたいものだと周囲の人にもらしていた. この願望は "The structure of alloys of iron: an elementary introduction" として実り, 1966 年に出版された (平野賢一訳, 『鉄鋼物性工学入門』, 共立出版, 1968).

ここまで書いたところで, 手元にあるちょっと風変わりな本,
"Rules of Thumb for Physical Scientists"
(D.J.Fisher, Trans Tech Publications, 1988) を開いてみた. 表題は邦訳すれば『物理科学者のための経験則集』といったところであろうか? これで Hume-Rothery Rules をひいてみると, 4 項目の記述がある. そのうち二つは上述の原子寸法因子と電子化合物に関するものである. 後の二つを紹介しておこう.

1) N をその元素が属する周期表上の Group Number とすると, 各原子は (その単一元素状態において) 8-N 個の最近接原子を有する. これは, Ⅳ b (C, Si, Ge), Ⅴ b (P, As), Ⅵ b (S, Te, Se), Ⅶ b (F, Cl, Br, I) など共有結合をする元素に関するもので, ダイヤモンドでは 4 配位の結合, Se では 2 配位の鎖状結合, F では二原子分子が形成されるなどの事情を表現したものである.

2) (たとえば Cu を基とする系の平衡状態図を比較してみると) 液相線の傾斜が急である系では, 固相線の傾斜はもっと急である.

Rule of Thumb の語源 [4]

ところで，"rule of thumb" を辞書（研究社英和中辞典）で引いてみたら，「親指で計ること；大ざっぱなやり方；経験法」とある．もうすこし詳しい説明を探したら，*"Morris Dictionary of Word and Phrase Origins"* (W. and M.Morris, Harper & Row, 2nd edition, 1988) に次のように書いてある．

> …この表現の由来については二つの説がある．もっともらしい方は，「親指の関節から指先（平均的成人男子ではほぼ1インチ）をよく物さしのかわりに使うから」というのである．いまひとつの説は，ビール造りの職人の習慣からきたというものである．その昔，ビールが素朴な方法で醸造されていた頃，親方はときおり樽に親指をつっこんで温度を計ったという．あまり正確でも衛生的でもない温度計測法であるが，親方の長年の経験に基づいて，この "Rule of Thumb" より熟成具合をよく知ることができたという．

この語源探しの話を何人かの友人に話したら，松尾宗次さん（日鉄技術情報センター）が *"Physics Today"* にのった投稿記事（1994年2月号，126頁，J.Straton）のコピーを送ってくれた．標題は "Why 'Rule of Thumb' is a Sore Point" で内容を要約すると，

> …Rule of Thumb は古代の英国の法律で「夫は妻を棒で叩いてもよいが，棒は夫の親指より細くなくてはならない」と定められていたことに由来する．英国の法律の原型であるローマ法にも夫が妻を叩く権利が記されている．物理学者は，こんな性差別，恐るべき由来の語 "rule of thumb" を使うのはやめて，"common sense rule"，"benchmark rule" を使うようにしよう．

結局，rule of thumb の語源には 1)物さし，2)温度計，3)鞭打ちの棒の太さの目安，の3通りの説があるらしい．このうちの第3の由来は辞書の類いには記述がない．

本章は，英国王立協会会員（Fellow of The Royal Society）が死去した時に出版される伝記[1]，第1回ヒューム-ロザリー記念講演の記録[2] などをもとに執筆したものである．この伝記にはヒューム-ロザリーの全論文リストが掲載されている．本章中の文献番号のうち [HRxx] の形式で表記した xx はこの

リストの番号にあわせてある．より詳しい伝記を以前，日本金属学会会報に寄稿した[3]ので興味ある向きは参照していただきたい．

ヒューム-ロザリーの論文リスト（抜粋）

[HR 2] J. Inst. Metals, **35** (1926), 295.
[HR17] (With G.W.Mabbott & K.M.Channel-Evans) Phil. Trans. Roy. Soc. A, **233** (1934), 1.
[HR20] (With G.F.Lewin & P.W.Reynolds) Proc. Roy. Soc. A, **157** (1936), 167.
[HR37] (With G.V.Raynor) Proc. Roy. Soc. A, **177** (1940), 27.
[HR72] (With H.J.Axon) Proc. Roy. Soc. A, **193** (1948), 1.
[HR85] Ann. Rep. Prog. Chem., **46** (1949), 42.
[HR88] (With S.J.Carlile & J.W.Christian) J. Inst. Metals, **76** (1949-50), 169.
[HR106] (With B.R.Coles) Advances in Physics, **3** (1954), 149.
[HR107] (With A.Hellawell) Phil. Mag., **45** (1954), 797.
[HR110] Met. Ita., **47**(1955), 299.
[HR111] (With A.L.Sutton) Phil. Mag., **46** (1955), 1295.
[HR138] J. Inst. Metals, **90** (1961-62), 42.

ヒューム-ロザリーの主な著書

① *The structure of metals and alloys*, The Institute of Metals (1936).
② *Atomic theory for students of metallurgy*, The Institute of Metals (1946).
　　吉岡正三 訳：金属学のための原子論，コロナ社 (1968).
③ *Electrons, atoms, metals and alloys*, Pub. for Metal Industry by Cassier Co.; distributed by Iliffe (1948).
　　鈴木 平 監訳：対話金属基礎論，アグネ (1971).
④ *The structure of alloys of iron: an elementary introduction*, (1966).
　　平野賢 訳：鉄鋼物性工学入門・鉄とその合金の構造，共立出版 (1968).

【参考文献】

1) G.V.Raynor: Biographical Memoirs of Fellows of the Royal Society, **15** (1969), 100.
2) G.V.Raynor: J. Inst. Metals, **98** (1970), 321.
3) 小岩昌宏：ヒューム-ロザリー伝，日本金属学会会報, **13** (1974), 741.
4) 小岩昌宏：Rule of Thamb, まてりあ, **34** (1995), 231.

12
名前の由来を探る
―ジュラルミンとタフピッチ銅―

よく聞きなれた言葉でもなぜその名前がついたのかを知っている人は少ない．本章ではジュラルミンとタフピッチ銅の名前の由来を調べた結果を述べる[1]～[3]．

ジュラルミン

いろいろな合金がどんな風に開発・発明されたか？ エピソードは？ …と調べようとしても，面白そうな話はなかなか発掘できない．それだけ合金の研究は地味で膨大な実験の積み重ねが必要ということだろうか？ そんな中でジュラルミンについては興味深いエピソードがある．

幸田成康監修『合金の析出』[4]には次のような記述がある．

　1906年という年は，時効析出を研究するもの時効析出型合金を製造するものにとって忘れ得ない記念すべき年である．この年の9月，ドイツのベルリン近くのNeubabelsbergにある理工学中央研究所でAlfred Wilmによってジュラルミンと後年呼ばれることになる新合金が発明された．それと同時に時効硬化という現象の存在がはっきりと示された

　そのときの劇的な物語はまことに有名である．

ウィルムのレリーフ
日本軽金属協会所有

Cu4％，Mg0.5％を含む Al 合金を9月のある土曜日に焼入れし，硬さの測定を午後一時まで行い，その続きを翌々日の月曜日に行ったところ著しく硬くなっていた．この発見の経過は，後年 Wilm 自身の回想が記録されているので，ニュートンのりんごの話と異なり，確実な話である．それによれば Wilm ははじめ硬度計が狂ったのではないかと思ったそうである．確かでない別の物語によれば，Wilm は日曜日には近くの湖水にヨット遊びに行ったという．意味深い日曜日で，その間にも合金は着々と硬さを増していたわけである．"Something of importance had sailed into his laboratory while he was sailing on the lake."（彼が湖でヨット遊びをしている間に，重要事件が彼の研究室に入港した）という事態が進行していたのである．ところが，これほど細かい話があるにもかかわらず，9月の幾日なのか分からない．どの文献も"ある土曜日"という表現になっている．

また，『軽金属資料』に掲載された「時効硬化現象の研究 －発見より50年の歩み－」[5]の冒頭には次のように書いてある．

　Wilm について公にされている報告から今日われわれが判断する彼の人柄というものは，彼が自分の発見を必要以上にひかえめに発表したことによく示されている．それらの報告によれば，1906年の9月，4％ Cu と 0.5％ Mg を含むアルミニウム合金の板材を研究しているとき，ある土曜日にやったカタサの測定を翌々日の月曜日にもう一度やってみたところ著しいカタサの増加を認め，これが時効硬化現象発見の端緒となったといわれている．多くの文献は多かれ少なかれ劇的に誇張して書かれているので，それらを読むと時効硬化現象の発見は全くの偶然によるものであると考えさせられがちであるが，実際は彼の功績が過小評価されているのは彼の人格が質朴であり，遠慮深かったために他ならないことを付け加えておきたい．事実，Wilm はその数年以前から Nuebabelsberg の理工学中央研究所ですでに高力アルミニウム合金の向上に関する研究を行なっており，次の二つの重要な結果を得ていたのである．
1) 研究の結果，アルミニウムに銅，マグネシウムおよび他の添加元素を加えた合金に到り，しかもまさしく銅4％，マグネシウム0.5％の合金に着目して研究を行なっていた．
2) 彼は鋼でよく知られている加熱および焼入れを応用した．― これらは今日知られている通り，不可欠の処理である― そして焼入れから強さの測定をするまでの時間によって著しく異なった結果を得た．

12. 名前の由来を探る　141

> **METALLURGIE.**
> Zeitschrift für die gesamte Hüttenkunde:
> Aufbereitung － Eisen- und Metallhüttenkunde － Metallographie
> Herausgegeben
> von
> Dr. W. BORCHERS, und Dr. F. WÜST,
> Geh. Regierungsrat, o. Professor der Metallurgie und Vorstand　Geh. Regierungsrat, o. Professor der Eisenhüttenkunde u. Vorstand
> des Laboratoriums für Metallhüttenwesen und Elektrometallurgie　des eisenhüttenmännischen Laboratoriums an der Kgl. Techn.
> an der Kgl. Techn. Hochschule Aachen.　　　　　　　　　　　Hochschule Aachen.
>
> Verlag von WILHELM KNAPP in Halle (Saale).
>
> Heft 8.　　　　　　22. April 1911.　　　　　　VIII. Jahrgang.
>
> Die „Metallurgie" erscheint viertehnlägig an jedem 8. und 22. eines Monats. Das Abonnement kostet vierteljährlich Mk. 5,— für Deutschland und Österreich-Ungarn, für das Ausland vierteljährlich Mk. 6,—. Bestellungen nehmen jede Buchhandlung, die Post, sowie die Verlagsbuchhandlung von Wilhelm Knapp in Halle (Saale), Mühlweg 19 entgegen; Inserate werden für die zweigespaltene Petitzeile mit 40 Pfg. berechnet. Bei Wiederholungen tritt Ermäßigung ein.
>
> Manuskripte von Abhandlungen und kleineren Mitteilungen bittet man an Geb. Reg.-Rat Prof. Dr. W. Borchers, Aachen, Ludwigsallee 15 einzusenden. — Alle Originalarbeiten werden gut honoriert. — Von Originalarbeiten werden, wenn andere Wünsche auf den Manuskripten oder Korrekturbogen nicht geäußert werden, den Herren Autoren 25 Sonderabdrücke zugestellt.
>
> **Physikalisch-metallurgische Untersuchungen über magnesiumhaltige Aluminiumlegierungen.**
> Von Oberingenieur Alfred Wilm, Schlachtensee bei Berlin.
>
> Durch die mikrographischen Untersuchungen in kohlenstoffhaltigen Stahlen werden die Umwandlungen, die der Stahl durch den Härteprozeß erfährt, bildlich wiedergegeben. Wie der

図12.1 ウィルムのジュラルミン最初の論文（1911年4月）

　このような点からみて，彼が研究中に遅かれ早かれ時効硬化の法則を見つけることは疑いのないことであった．このようなわけで，よく考えてみれば偶然の働きは一般に考えられているほどのものではなく，それよりも Wilm の選んだ合金が，今日でもなおもっともよく使用されている高力アルミニウム合金と根本的に同じであることに注目すべきである．

　図12.1はウィルム（A.Wilm; 1869-1937）の最初の論文（1911年4月）の冒頭のページである．論文表題は「マグネシウムを含むアルミニウム合金の物理冶金学的研究」であり，ウィルムはマグネシウムの役割を重視していたように読み取れる．また図12.2は時効硬化の様子を示したものである．
　ところで，英和辞典（『研究社新英和大辞典』, 1953）で duralumin を引いてみると，語源について

　　　　［dur (able) (f.L.durus hard) + alumin (ium)］

と書いてある．ラテン語で「硬い」という語の先頭部の dur とアルミニウムの合成語だということで，30年ほど前にはじめて調べたときなるほどと納得した．ところが『世界大百科事典』（平凡社, 1972）には「発明者の所属する デュルナー・メタルヴェルケ Dürener Metallwerke A.G. の名とアルミニウムにちなんでジュラルミンと命名された」とある．このころ発行された数冊の百科事典にはいずれも同様なことが書いてある．そこで，機会あるごとに内外の金属研

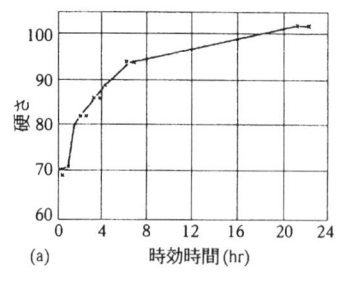

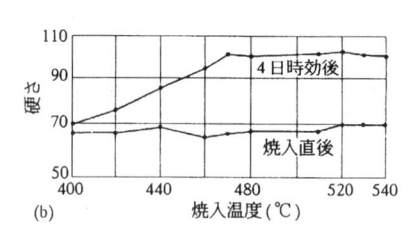

図 12.2 ウィルムの論文に載った時効硬化挙動を示すグラフ

究者に「duralumin の語源を知っているか」と聞いて回った．面白いことに日本の先生方はほとんど全部「Düren 派」であるのに対し，ドイツ人を含めて外国人学者はすべて「Hard（硬い）派」である．日本における「Düren 派」のルーツは？と東北大金研図書室で古い本のあれこれをめくってみた．どうやら，濱住松次郎著『金属総論』[6] がそれらしい．これには，

> ヂュラルミンはウキルムが 1903 年ないし 1911 年に亘る研究の結果発見した新合金であって独逸デューレン市にある Dürener Metallwerke A.G. の名称に由来する．

とある．

佐貫亦男「ジュラルミンの誕生」から

こうしてみるとどうやら語源には二説ありそうであるが，本当のところは当時の事情に詳しい関係者が書いたものでも見ない限り判明しそうになく，語源探索もすっきりしないままに幕切れを迎えたかに思われた．ところが知人が格好な文献があると教えてくださった．社団法人　日本アルミニウム連盟の機関誌『アルミニウム』に佐貫亦男氏（当時日本大学理工学部教授）が「ジュラルミンの誕生」[7] と題する一文を寄稿されているというのである．航空工学者であった同氏は，航空機が実現するにはジュラルミンという材料の出現が不可欠であったとの思いから，そのルーツを探ることを思い立たれたのである．以下，その稿から引用させていただくことにしよう．

12. 名前の由来を探る　143

　…私はデュレン市を地図で探してみた．ケルン市のすぐ西にある．昭和56年2月初め，デュレン市長様と宛名を書き，私はあなたの町をジュラルミンの故郷と思っています．この夏に訪問したいのですが，町はどんなふうか，文化施設は何か，とくにデュレナー・メタルウェルケはまだ存在しますかと質問してやった．…

　ところが5月初めになって，大型の重い封筒が届いた．…もっとも感謝したくなったものはデュレナー・メタルウェルケ創設の1885年（明治18年）から50年経った1935年（昭和10年）までの社史のコピーであった．これは私が望んでいたそのもので，読んでみるとジュラルミン発明までの経過が手に取るように分かった．

図12.3　デュレナー・メタルウェルケの社史

　1869年に生まれたAlfred Wilmは1901年，32歳でポツダムに近いノイバーベルスベルグにあったドイツ理工学研究所に新設された冶金研究室長となった．翌1902年にドイツ兵器弾薬会社から委託された問題は，真鍮製の薬莢に代わるべき軽金属薬莢の研究であった．なるほど，重い真鍮の薬莢に代わって，軽い軽合金薬莢が実現したら，兵隊はどれだけ楽になり，弾薬の輸送はどれだけ容易となるか計り知れない．…〔著者註：ドイツは銅資源に乏しい国であるから，資源的に豊富なアルミニウムに着目したのであって，軽量化が主目的ではなかったという説もある〕

　…この新アルミニウム合金，ジュラルミンは薬莢などよりはむしろ航空機，自動車，軍用車両，兵器などの構造材料としてはるかに適していることがわかった．これは薬莢としては硬さが不足のためである．すなわち，ジュラルミンは初めの目的と異なった分野で大成功を収めたのである．…

　また，1909年にウイルムとデュレナー・メタルウェルケの間でこの新製品に対する適当な商品名の相談があった．初めは，硬い（かつ粘り強い）性質に対してハルトアルミニウム（Hartaluminium）の名が考えられた．しかし国際市場を考慮してジュラルミン（Duralumin）に落ちついた．ジュル（dur）はフランス語では"硬い"を意味するから，ジュラルミンもやはり"硬いアルミニ

図12.4 ウィルムが所属した理工学中央研究所はポツダムの近くのノイバーベルスベルグにあった．この研究所は1902年，ドイツ兵器弾薬製造会社に売られた．デュレナー・メタルウェルケはこの会社の姉妹会社で，ウィルムが所有する特許のライセンスを得て商品化した．デューレンはアーヘンとケルンを結ぶ鉄道沿線にあり，原子力研究所のあるユーリッヒからも近い．なお，この図は東西ドイツの統一以前のもので両ドイツの境界線もそのまま残してある．

ウム"を意味する．しかも，その製造所の所在地，Dürenをも含むめでたい名前となった．

という次第で，「Hard派」こそ本流ではあるが，「Dürener Metallwerke A.G.の名称に由来する」とする「Düren派」にも一理あることにはなる．

超ジュラルミンと超々ジュラルミン

ジュラルミンは比重は鉄の約3分の1であり，同一重量あたりの強さ（強さ/重量比）は鉄材の3倍となるため，この値の大きいことを要求する航空機材料に最適で，以来今日まで飛行機の機体用の構造材料となっている．その後さらに強さ/重量比の改善を目指した改良合金が作られ，当初の合金に比べ50%以上強い超ジュラルミンが造られた．住友金属工業の五十嵐，北原により開発されたAl-Zn-Mg系時効性合金はジュラルミン，超ジュラルミンより強度が高いので，超々ジュラルミン（Extra super duralumin: ESD）と呼ばれる．Al-Zn系合金は強度は出るが応力腐食割れを起こすので実用化にはいたらなかったが，1%以下のCr, Mnを添加することにより応力腐食割れを防ぐことに成功した．日本では1940年に実用化に成功し，第二次大戦の零式戦闘機の翼桁に使われたので有名である．

タフピッチ銅

　学生時代に非鉄金属の講義で「タフピッチ銅」という用語の説明を聞いたように思うが，はっきりした定義は何だろうかと気になって調べてみた．『理化学辞典（第3版）』には次のように書いてある．

> 電気銅を反射炉で融解精製して加工性を持たせた純銅をいう．反射炉内の酸化性雰囲気で吸蔵水素や揮発性不純物を追い出し，次に松の生木を差しこんでかきまわせば，水分や炭化水素類が分解して水素や一酸化炭素になり，溶銅中の二酸化ケイ素などを追い出し，酸化銅を還元して脱酸させる．銅中の酸素量は 0.02～0.05％ 程度になるが，これより酸素を少なくしようとすると常圧空気中では逆に水素が増加する．普通の電線はこの銅からできている．

この説明では，なぜ「タフピッチ銅」と呼ぶのか分からない．*"Metals Handbook"* (1948) の冶金用語の定義には以下のように書いてある．

> Refined copper (usually from electrolytic cells) that has been remelted under conditions producing a final oxygen content from 0.02～0.05 % by weight. It has been found that copper, poled to the point where it solidifies to a flat surface, exhibits a high degree of toughness.

したがって，タフピッチのタフは toughness（靭性）から来ていることが分かったが，ピッチは何を意味するのだろうか？

　銅のことなら何でも書いてありそうな分厚い本 *"Copper The Science and Technology of The Metal, Its Alloys and Compounds"* (Ed. by A.Butts, Rheinhold, New York, 1954)[8] には，

> 約100年前 Perecy はタフピッチ銅とは，「すべての温度で高度の展性(malleable)を示す銅」と定義した．

という記述があり，文献として J. Perecy, *"Metallurgy"* [9] を挙げてあった．この本をミシガン鉱山学校が所蔵していることをつきとめ，在米中の友人に依頼して該当部分のコピーを送ってもらった．

When copper which is smelted on the large scale is in the highest degree malleable at all temperatures, it is technically said to be "at tough pitch" by English smelters, or "hammer-gaar" by German smelters.

すなわち，tough pitch は英国の製錬者の間で使われているテクニカル・タームであるというのである．しかし，"pitch" という語の意味がまだよくつかめない．そこで英和辞典で調べてみた．

pitch には二つの語源がある．一つはギリシャ語の pissa, 中世英語の pich からきたもので，いわゆるピッチ（コールタールを蒸留したときに残る粘性物質），アスファルト，樹脂，松やになどの意がある．「銅の製錬の際に松の生木を差しこんで…ということが書いてあるから何やら関係がありそうな」とちょっと気を引かれるが上の文脈からするとそうとも思われない．

もう一つの語源は中世英語の picche(n) に由来するもので，実に多くの語義がある．たとえば『ランダムハウス英和大辞典』では名詞として 26, 動詞として 10 に分類して説明している．その中で tough pitch copper に関係ありそうなのは，「絶頂，頂点，最高度，最高点」，「音（声）の高さ，調子」，「（ある段階・程度・高さなどに）する，セットする，定める，調節する」などである．これを念頭においてさらに二三の本を参照してみた．上下二巻あわせて約 1500 ページの大著『銅製錬』（東北帝国大学教授池田謙三著）[10] には，「Tough Pitch －熟銅というべきもの」，「Pitch state（熟銅状）」，「right pitch, correct pitch, high pitch」などの表現が散見される．同じく昔の銅製錬に関する一冊 D.M.Levy *"Modern Copper Smelting"* [11] の中には次のような記述があった．

"Tough Pitch Copper" － The operation of "bringing copper up to pitch" has for its object the imparting to the metal of the toughness and mechanical strength required for industrial service.（「タフピッチ銅」―「銅を最高の状態にする」操作は，工業的に必要とされる靭性と力学的強度を金属に与える目的で行われる）

以上を総合すると，「タフピッチ銅」とは「靭性が最大の銅」あるいは「靭性が最大になるように（成分を）調整した銅」と解するのが妥当である．

なお，本章は以前，著者が日本金属学会会報に寄稿した3報（参考文献1），2），3））をもとに構成したものである．

【参考文献】
1) 小岩昌宏：ジュラルミンのえてぃもろじい，日本金属学会会報，**24**(1985), 374.
2) 小岩昌宏：tough pitch copper の語源，日本金属学会会報，**24**(1985), 533.
3) 小岩昌宏：再論「tough pitch copper の語源」，日本金属学会会報 **27**(1988), 832.
4) 幸田成康監修：合金の析出，丸善 (1972).
5) G.Gürtler 著，平野賢一訳：時効硬化現象の研究 －発見より50年の歩み－，軽金属資料 No.291，軽金属協会（1957年6月15日）．
6) 濱住松次郎：金属総論，内田老鶴圃 (1927).
7) 佐貫亦男：ジュラルミンの誕生，アルミニウム，No.618, 日本アルミニウム連盟（1982年2月号）．
8) *Copper The Science and Technology of The Metal, Its Alloys and Compounds,* Ed.by A.Butts, Rheinhold, New York (1954).
9) J.Perecy：*Metallurgy*, J.Murray, London (1861).
10) 池田謙三：銅製錬，宝文館 (1934).
11) D.M.Levy：*Modern Copper Smelting*, Charles Griffin & Company Ltd. (1912).

13
反応速度論
— アレニウスとアイリング —

　アレニウスの式は，もともと化学反応速度の温度依存性を表わすものとして提唱された式であるが，固体における拡散や塑性変形などさまざまな速度過程を議論する際にもよく使われる．アイリングの反応速度論は，アレニウスの提案した「活性分子」の概念を定式化したものということができよう．著者が大学院学生であった頃には，講義でもよくその関係の話を聴いたし，学生仲間の読書会でもアイリングの著 *"Theory of Rate Processes"* を読んだりした．最近，拡散に関する初期の研究を系統的に見直す機会があり，アレニウス（S.A.Arrhenius；1859-1927），アイリング（H.Eyring；1901-81）などの論文も改めて読み直してみた．また，アレニウスの詳しい伝記，アイリングが亡くなったときの雑誌の追悼記事を読んだので，それらもあわせて紹介する．

アレニウス
反応速度に関する原論文の概要
　しばしば引用される化学反応に関する論文は，「酸による蔗糖の転化反応速度について（Über die Reaktionsgeschwindigkeit bei der Inversion von Rohrzucker durch Säuren）」と題するもので，1898年に発表されている[1]．
　彼はまず温度 t_1, t_0（絶対温度 T_1, T_0）における反応速度 ρ_{t_1}, ρ_{t_0} は，定数 A を用いて，

$$\rho_{t1} = \rho_{t0} e^{A(T_1-T_0) \cdot T_0 T_1} \tag{1}$$

で関係づけられると述べ，1880年代に行われた七つの水溶液中の化学反応速度に関する実験結果を，(1)式と各研究者が用いた実験式のどちらがよく表現し得るかを比較している．アレニウス以前の研究者がどのような数式を用いていたかはたいへん興味深いので，以下にその二三を挙げておこう．

Hood (Phil. Mag. (5) 20, 1885) は，

$$KClO_3 + 6FeSO_4 + 3H_2SO_4 \to KCl + 3Fe_2(SO_4)_3 + 3H_2O$$

に対して，

$$\rho = \rho_{10} \cdot (1.093)^{t-10} \tag{2}$$

を用いた．

Warder (Berl. Ber. 14, 1365, 1881) は，

$$NaOH + CH_3COOHCH_2CH_3 \to C_2H_5OH + CH_2COONa$$

について，

$$(7.5+\rho)(62.5-t) = 521.4 \tag{3}$$

を用いている．

van't Hoff (Etude de dynamique chimique, 1884) は，

$$\log_{10}\rho = -(5771/T) + 11.695 \tag{4}$$

$$\log_{10}\rho = 0.0404t - 5.91554 \tag{5}$$

などの式を用いている．

アレニウスは，これらの実験式に比して「(1)式は広い温度範囲にわたって化学反応速度 ρ の温度依存性を正しく記述し，かつ数種の異なった反応に対して広く成立する一般性を有している点で優れている」と結論し，そのことの意味について思索する．

ところで van't Hoff の用いた(4)式は(1)式と等価であるが，これは次のような考察によるものである．可逆反応

$$A + B \underset{k''}{\overset{k'}{\rightleftarrows}} D + E$$

は各成分の濃度 C_A, C_B, C_D, C_E の間に

$$k'C_A C_B = k'' C_D C_E$$

が成立したとき平衡に達する．反応の平衡定数 $K = k'/k''$ の温度変化は反応熱を

Q とすると

$$\frac{d\ln K}{dT} = \frac{Q}{RT^2} \tag{6}$$

となる．すなわち

$$\frac{d\ln k'}{dT} - \frac{d\ln k''}{dT} = \frac{Q}{RT^2} \tag{7}$$

が得られる．van't Hoff はこの関係から反応速度 k は一般に

$$\frac{d\ln k}{dT} = \frac{A}{RT^2} + B \tag{8}$$

で与えられ，B がもし 0 であるならば（1）の表式が得られるとした．これに対しアレニウスは，「B は温度の任意の関数であっても正・逆両反応について同一でありさえすれば(8)式から(7)式が導かれる．B の形に対する制約は(6)，(7)のような平衡定数に関する議論からは全くあらわれず，問題の決定的な解決にはならない」と述べている．

さて，アレニウスの思索は次のようにすすむ．

… 室温付近において温度 1℃ の上昇に対する反応速度の増加の割合は 10〜15% である．一方，反応速度に関係が深いと思われる分子相互の衝突数は，気体分子運動論によれば 1℃ の上昇に対し，1/6% 増加するにすぎず，粘性の温度変化も 2% 程度である．また 1℃ の温度変化に対する変化量の絶対値は，多くの物理量については温度が変化しても（0〜50℃）あまり変わらないのに対し，反応速度の変化量は 0℃ における大きさを 1 とすると，6℃ では 2，12℃ で 4，30℃ では約 30 となり，大きく変化する．したがって反応速度の温度変化は反応物質の物理的諸特性の温度変化を通して起こるものとは考えられない．…

このことは次のように考えれば説明できよう．
1) すべての分子が同時に等しく反応にあずかるのではない．
2) 反応分子は，反応する際にある仮想的な物質「活性（aktiv）分子」(M_a) になる．これは，不活性分子(M_i) が熱を吸収してできる．活性分子数は温度とともに急激に（1℃ あたり〜12%）増加するが，その絶対数は反応分子数に比し，きわめてわずかである．
3) （蔗糖の転化反応の場合）反応分子の量と反応速度はほぼ比例するから，

活性分子と不活性分子の間には化学平衡 $M_a=kM_i$ が成立しているはずである．

かくして「活性化エネルギー（アレニウス自身はこの用語を用いていないが）」を獲得した「活性分子」という概念が導入され，それが不活性分子と平衡にあると考えることによって舞台を速度論から平衡論に移して，van't Hoff の定容反応式

$$\frac{d \ln k}{dT} = \frac{Q}{RT^2} \tag{9}$$

を用い，結局(1)の形が得られるというのである．

以上に概観した彼の仕事は反応速度論の近代的発展の端緒となったものである．蛇足を一つ付け加えておこう．いろいろな量の温度変化をグラフに示すとき，絶対温度の逆数 $1/T$ に対してプロットすることがよくある．この整理の仕方を「アレニウス・プロット」と通常呼んでいるが，ここに紹介した原論文にはグラフは一枚も載っていず，データはすべて表として掲げてあるのみである．

フェアーでないアレニウス？

前節は，1973年に著者がある雑誌に書いた小文の一部をほぼそのまま採録したものである[2]．その原稿を執筆したとき，未消化のまま書いたという後味の悪さを覚えたという記憶がある．それは，「アレニウスはなぜわざともってまわったような論文の書き方をしたのだろうか？」という疑問をのこしたままであったからである．しかし，論文全体のうちの関連のありそうな部分のみを，不確かなドイツ語の読解力で辞書を引きながら拾い読みしただけのみずからに責任があるかもしれないと思ったので，この疑問は提示しなかった．のちになって，共立出版から「化学 One Point 叢書」の一冊として刊行された『活性化エネルギー』[3]を読んで，私のもった疑問はゆえなきものではなく，著者であるアレニウスにこそ責任があると確信した．この本の第1章には，アレニウスの原論文の詳しい紹介と明快な問題点の指摘があるので，ぜひ一読

されることを薦めたい．以下では，この本の記述を踏まえて，以前の解説[2]で触れなかったことを述べる．

通常，アレニウスの反応速度式といえば，
$$\rho = \rho_0 \exp(-Q/RT) \qquad (10)$$
の形を思い浮かべるのが自然であり，事実ほとんどの教科書にはこの形式，あるいはその対数形
$$\ln\rho = \ln\rho_0 - Q/RT \qquad (11)$$
で提示されている．それなのに，なぜ(1)式のように，二つの温度における反応速度の関係を表面に出して議論したのだろうか？(10)あるいは(11)の形は，アレニウスの前にすでにファント・ホッフ（J.H. van't Hoff；1852–1911）がある実験データを整理するために使用しており（前出(4)式），またその論理的根拠もかなりな程度まで議論している．したがって，これらの式をそのままの形で用いると，プライオリティーはファント・ホッフのものになるため，あえて不自然な形をとったのであろう——というのが，以下に引用するように，上述の『活性化エネルギー』の著者らの推論である．

　　ファント・ホッフは（ある実験データをよく再現する式として）式(4)を提出していた．しかも，後述するように，理論的根拠のある式としてである．容易にわかるように，この式は現在のアレニウス式とまったく同形であり，もちろんアレニウスの式(1)と同等である．それにもかかわらず，彼は知らん顔で，….そして，ファント・ホッフの式が自分の式(1)と同じだとは一切言わないのである（この時期，ファント・ホッフとアレニウスが不仲であったという記録はない．終生かわらぬ親友であり，ファント・ホッフの最後の病床を訪れたのもアレニウスであったと記録にある）．ともかく，上式(4)がまったく自分の式(1)と同等であるのに，そう言わないアレニウスの神経はまったく不可解なのである．…

　　以上がアレニウスの原論文におけるアレニウス式と活性化エネルギーのすべてなのである．アレニウス式はファント・ホッフのものなのであり，活性化エネルギーと言う名称の痕跡もない．この論文では，アレニ

ファント・ホッフ

ウスは活性分子仮説を提出したのである．論文はきわめて強引なもので，オストワルトが独裁していた「物理化学雑誌」でなかったならば，すんなり掲載されたかどうか疑わしい．だが，偉大な科学的発見の多くが，卓越した（当時としては奇抜な）着想のゆえにきびしい批判を受けたことを思い出すこともできる．また，偉大な科学的発見が長年埋もれ，後に大評価を受けたこともある．それと同様に，このアレニウスの論文も 10 年以上埋もれることになる．

アレニウスの仕事に対して，高い評価を与えたのは，ボーデンシュタイン（Bodenstein，著名な実験家，H_2+Br_2，H_2+I_2 等の速度の測定，ベルリン大学教授）であった．反応速度に実験的研究が温度範囲の広い気体の反応に及んだ頃のことである．

ボーデンシュタインは反応速度の温度変化に彼の式(1)が適合することをしきりに述べている．そして，必然的にアレニウスの説明（反応は活性分子を経由する）がとりあげられた．$A=E/R$ として，E がいつしか「活性化エネルギー（activation energy）」と呼ばれるようになった．最初に，そう呼んだのは，トラウツ（M. Trautz, 1916）といわれてもいるが，1920 年代でも「活性化エネルギー」という名称は定着していない．臨界エネルギー（critical energy）とかいろいろに呼ばれていたのである．いずれにせよ，1920 年の少し前から，反応速度の研究はアレニウスの活性分子仮説を中心として発展した．

伝記・評伝から

アレニウスの人物像，その学説については数多くの解説，論評[4)〜8)]がある．また，最近，スウェーデン生まれの科学社会学専攻の研究者（Elizabeth Crawford）による伝記[9)]が刊行された．以下ではこれらの文献をもとに，アレニウスの人間像を眺めてみる．

〈アレニウスと電離説〉

アレニウスはスウェーデンのウプスラで生まれ，幼い頃から驚異的な才能を発揮したという．17 歳でウプスラ大学に入学し物理学を専攻したが，Thalen 教授の指導にあきたらず，ストックホルム大学の Edlund 教授の研究室に移り，溶液と電解質に関する研究を行った．電離説（電解質溶液は，

電場をかけなくても常に一定の電離度で自由なイオンに電離している）として有名になった彼の論文「電解質のガルバニーニ伝導度に関する研究」は，1883年に口頭でスウェーデン学士院で発表され，翌年25歳の時スウェーデンアカデミー誌にフランス語で掲載された．実験と理論の2部からなるこの論文は，学位請求論文としてウプスラ大学に提出されたが，母校の教授陣の評価は低く，合格最低点である第4級と認定された．この評価では大学講師となることはできず，研究者への道は絶望的であった．

アレニウスは論文別刷を外国の著名な化学者に送ったところ，同じ方面に関心をもっていたリガ大学教授オストヴァルトがウプスラ大学を訪問し，彼の研究を賞賛し共同研究を申し入れた．国際的に著名な研究者たちの支持や世論に押され，大学は学位論文の再審査，再評価をせざるを得なくなり，アレニウスは漸く講師（無給）の資格を得た．

彼は学位審査の際に低い評価を受けた屈辱を終生忘れず，死の2年前になっても2名の教授（Cleve と Thalen）は「理論と仮説の意義を評価しなかった」と批判し続けていたという．研究生活の出発点におけるこの経験は，「成功は闘争によってのみ得られる」という教訓として，攻撃的な彼の性格を一層助長したといわれる．

〈アレニウスとノーベル賞〉[9]

ノーベル（A.Nobel；1833-96）が3千万クラウンの全財産を世界平和と科学の発展のためにとスウェーデン科学アカデミーに寄託したとき，すでに国際的に知名度の高かったアレニウスは，まだアカデミー会員ではなかったけれど，その使途についての相談にあずかった．アレニウスの当初の構想は，ノーベル財団に直轄の大型科学研究所を設置し，これに物理，化学，生理学，医学のすべての分野にわたって，ノーベル賞候補として推薦された研究の調査と評価を行わせようとするものであった．この構想は受け入れられなかったが，物理と化学の二つの研究所を科学アカデミーに新設することとなり，その資金がノーベル財団より支出された．科学アカデミーの外国人会員，過去の受賞者，外国の大学にも受賞候補者の推薦権を与えて，ノーベル賞を真に国際的なものにしたのはアレニウスの功績である．

アレニウスは，1901年の第1回受賞者の決定に際して，物理学賞推薦委員

会の5人の委員の1人として，また化学賞推薦に関する非公式の助言者として重要な役割を果たした．溶液論における貢献により化学賞受賞候補に上げられたファント・ホッフの業績が，ノーベルの遺言である「化学上の発見ないしは改良」に相当するか否かをめぐって委員会が逡巡したとき，友人のために熱弁をふるったという．ファント・ホッフは，その受賞講演において，「もしアレニウスが，電解質の挙動が理想溶液の法則からはずれることの原因を明らかにすることに成功しなかったら，今日の私の受賞はなかったであろう」と述べたことは，アレニウス自身の受賞が間近いことの予言に他ならなかった．

1903年，アレニウスは，「電解質の電離理論による化学への顕著な貢献」によりノーベル化学賞を受賞した．しかし，彼自身は物理学賞を強く望んでいたという．その理由は，電離理論は化学，物理の両分野にまたがるものであること，直近10年間の彼の研究は物理学，なかんずく宇宙物理学の分野に重点が置かれていたこと，そしておそらくもっとも大きな理由は，彼の学位審査の際に委員として判定を下した2人の教授が物理学賞委員会に連なっており，彼ら自身によってアレニウスへの授賞を決めさせることにより，過去の評価の撤回と彼らの反省の念を白日の下にさらさせることであったろう．1902年および1903年は，彼は授賞委員会のメンバーからは一時的に降りて，彼自身の受賞の決定には加わらなかった．化学賞委員会の委員長はアレニウスが物理学賞と化学賞の双方の受賞候補者として（とくにファント・ホッフにより）名前が挙げられていることから，両賞を半分ずつ与えるとの提案したが，物理学賞委員会はこの年の受賞者としてベックレルとキューリー夫妻に決定した．思いどおりに物理学賞を得られなかったことを，彼がどう感じたかはわからないが，受賞晩餐会では勝利の喜びを満面に湛えていた．果てしなく繰り返される乾杯に於いて，親しい友人や関係機関に感謝をささげる一方で，母校ウプスラ大学の教授たちには何ら負うところはないという態度を鮮明にし，20年前の屈辱を忘れていないことを明らかにした．

1909年には，ノーベル物理化学研究所が開所し，「teaching dutiesなしで，自分自身の研究室をもつ」と言うアレニウスの長年の夢が実現した．

アレニウスは論争を好み意見の異なる研究者とは仮借ない闘いを続けたが，それでも多くの友人があった．しかし，一時は緊密な友人であったネルンスト（H.W.Nernst；1864-1941）とは，激しい敵意を燃やす間柄となり，15年間に

わたってネルンストのノーベル賞受賞を阻んだのである．ノーベル財団の創設にあたって，大きな影響力を発揮したアレニウスに対して，「全世界の人々に帰属すべき基金を私物化し，盗んだ金で研究所を設立し自ら所長となるよう画策した」と口を極めてののしったネルンストへの復讐であった．その底流には，強電解質におけるイオン電離に関する見解の相違があったようである．

〈寺田寅彦訳『史的に見たる科学的宇宙観の変遷』〉

アレニウスの著書のひとつに『史的に見たる科学的宇宙観の変遷』がある．原書は1908年に出版され，岩波文庫の1冊として1931年，寺田寅彦の訳により発行された[10]．この本のことをかねてより聞いていて，神田の文庫本専門の書店に古書を探しに入ったところ，奇しくもちょうどその日（1996年3月7日）に復刊され書店に到着したばかりの1冊を購入した．本書巻末には訳者付記として寺田寅彦がアレニウスを訪れた際の印象が以下の様に記されている．

訳者は1910年夏ストックホルムに行った序をもって同市郊外電車のエキスペリメンタル・フェルデット停留場に近いノーベル研究所にこの非凡な学者を訪ねた．めったに人通りもない閑静な田舎の試作農場の畑には，珍しいことに，どうも煙草らしいものが作ってあったりした．その緑の園を美しい北国の夏の日が照らして居た．畑の草を取って居る農夫と手まねで押し問答した末に，やっとのことで此世界に有名な研究所の在所を捜しあてて訪問すると，すぐプロフェッサー自身で出迎へて，さうして所内を案内してくれた．西洋人にしては短躯で童顔鶴髪，しかし肉つき豊で，温平として親しむべき好紳士であると思はれた．住宅が研究所と全く一つの同じ建物の中にあって，さうして家庭とラボラトリーとが完全に融合して居るのが何よりも羨ましく思はれた．別刷など色々貰って，御茶に呼ばれてから，階上の露台へ出ると，其処には小口径の望遠鏡やトランシットなどが並べてあった．「これでa little astronomyも出来るのです」と云って，にこやかな微笑を其童顔に泛ばせて見せた．真に学問を楽しむ人の標本をこゝに眼のあたりに見る心持がしたのであった．

この現在の翻訳をするやうに勧められたとき

に訳者が喜んで引受ける気になったのも，一つにはこの短時間の会見の今はなつかしい想出が一つの動力としてはたらいた為である．訳しながらも時々この二十年の昔に見た童顔に泛ぶ温雅な微笑を思い浮かべるのであった．

アレニウスは，気象学の分野でも地球温暖化における炭酸ガス温室効果の仮説を提唱するなど先駆的な役割をはたしている．また，コペンハーゲンの毒物学研究所の研究者と共同研究を行い，「免疫における化学反応は物理化学の法則に従う」という視点で免疫化学の書を著した．しかし，読者として想定した医学分野の免疫研究者にはほとんど読まれなかったという．免疫化学の権威であるドイツのエールリヒ（P.Ehrlich）とは研究方法や結果の解釈をめぐって激しく対立し，彼へのノーベル賞授賞を4年間にわたって妨害したという．これらノーベル賞受賞者の決定をめぐるアレニウスの権謀術策は，クロフォードの伝記[9]に詳しく記されており，それを読むと寺田寅彦が描く「温和な好紳士」とは裏腹なイメージが浮かんでくる．

アイリング

絶対反応速度論の思い出

アイリングは絶対反応速度論を始めとして物理化学の広範な分野における研究で知られた著名な学者である．その名著 *"The Theory of Rate Processes"* [11] の邦訳は『絶対反応速度論』[12]として出版されているが，その巻末には「絶対反応速度論の思い出」という興味深い一文が付録として掲載されている．その一部を以下に引用する．

> Arrheniusは反応速度論を展開したが，われわれは今日でもそれを使っている．しかし彼は，活性化状態の本質について理解していなかった．つまり，彼は反応の温度依存性は知ってはいたが，温度に依存しない因子について知見を持たなかったからである．1935年，私はこの因子を具体的な形で普遍的に表わすことに成功した．…
>
> 後にPrincetonで私は，活性錯合体の考えを導入すれば，化学反応の一般的な解釈を展開できることを知った．活性錯合体は，どんなに多くの分子が集まってそれを作っていようとも普通の分子とまったく同じ様なものである．ただ一つの特殊な相違は，活性錯合体には分子がそれに沿って集まり，それから離れ

> The Theory of
> RATE PROCESSES
> *The Kinetics of Chemical Reactions, Viscosity, Diffusion and Electrochemical Phenomena*
>
> by SAMUEL GLASSTONE
> KEITH J. LAIDLER
> Associate Professor of Chemistry, Catholic University of America, Washington, D. C.
>
> and HENRY EYRING, PH.D.
> Dean of the Graduate School and Professor of Chemistry, University of Utah
>
> McGRAW-HILL BOOK COMPANY, INC.
> NEW YORK AND LONDON
> 1941

ていく反応座標が一つあるという点である.…したがって,活性錯合体は,第四の並進の自由度を除いては,普通の分子と同じであり,また計算によって得られるポテンシャル・エネルギー面について微小振動の理論を応用することができるという概念が明らかになるや否や,平衡論との類推によって速度式を直ちに書き下すことができた.この活性錯合体理論の進展は,この様に長い期間にわたって私の頭の中にこびりついていた「化学変化はいかにして起こるか」という疑問から成長したものである.

私は,このことに関する論文を1934年9月のClevelandで催されるアメリカ化学会に提出しようと思い,その会に出席するために家族とともに訪れていたArizonaからの帰途にあった.時速45マイルのスピードで走っていたわれわれの車が,Chicagoのちょうど東にさしかかったとき,Smith夫人もやはり45マイルの時速でClevelandからわれわれの方に向かって車を走らせていた.ところが1匹の蜂が彼女の車に飛び込んだので,彼女は驚いて手をハンドルから離してしまい,そのため彼女の車は道路を横切り,われわれの車に向かって頭から突っ込んでしまった.幸い死者はなかったものの,私のすね坊頭は砕けて13個もの破片になり,靱体は切断し,頭にも傷を受け,危うく首の骨までも折ってしまうところであった.横に座っていた私の妹は,骨盤と3本の肋骨を折った.…私たちは直ちに入院したので,予定していた論文をアメリカ化学会で発表することはできなかった.妹は30日間もIndianaのLaportを動けなかったが,私の方は15日間でどうやら歩けるほど早く回復した.しかしこのやむをえない事情のために,そんなことがなかったらとてもできなかったほど十分に論文を磨き上げる時間が与えられた.したがってこの論文は,私が発表したものの中で最もよく書かれたものの一つに数えられるであろう.…この活性錯合体に関するもう一つのおもしろい思い出は,その論文が審査されたときの事情で,これについて少しお話ししよう.この論文をChemical Physicsの編集者Urey教授に送った時,彼はそれを審査員に回したが,彼らは「この論文の内容は不可能だ.そういうことはありえない.」と言って来たので,彼は論文を却下した.それで私は,Hugh S.TaylorとWignerの両教授に手紙を書いてもらい,Ureyにこの

論文が正しいことを納得させたのでやっと受理され，結局 1935 年 4 月に公表された．

My Friend, Henry Eyring (by D.Henderson) の抄訳

アイリングの追悼記事[13]が彼の共同研究者であったヘンダーソン教授により書かれていることを知った．その別刷を入手したので，以下にそのごく一部を抄訳する．なお，この記事の末尾には，アイリングの全著書，論文のリストが付されている．

　Henry Eyring は 50 年間にわたって物理化学の広範な分野の最先端で活躍し続けた傑出した人物であった．化学反応の遷移状態理論でもっともよく知られているが，その興味と研究領域の広さに於いて彼の右に出るものは居まい．1944 年に出版された「量子化学（Quantum Chemistry）」[14]は本の表題に quantum chemistry という用語を用いた最初の英文の書籍であり，今日なお標準的教科書であり続けている．… 彼は，統計力学，レオロジー，金属学，地質学，生物学の分野でも活躍し，600 篇を越える科学論文を発表した．彼の願望は自分の回りの森羅万象を理解することであった．

　Henry Eyring は，1901 年 2 月 20 日，メキシコのモルモン教コロニーで生まれた．広大な牧場，数百頭の家畜を有する裕福な一族の長男（第 3 子）に生まれた．歩くより前に馬に乗ることを覚えたという．1912 年，メキシコ革命の波に洗われて，1200 マイルはなれたところに強制移住させられ，さらに 1 年後アリゾナ州へ移住した．

　アリゾナ大学で鉱山学を治めたが，危険の多い鉱山より安全な職場がよいと考え，冶金学修士課程を終了し，銅精錬所の冶金技術者となり，溶鉱炉からサンプルを採取する仕事に従事した．さっそく頭角を現わし，溶鉱炉の操業責任者に抜擢されそうになるが，二酸化いおうガスが充満する職場環境に辟易して辞職し，アリゾナ大学の化学科の助手になった．1925 年，バークレーに行き，化学の PhD をとった．このときの研究テーマは「種々の気体の α 線に対する阻止能とイオン化」であり，彼の最初の科学論文が G.E.Gibson との共著として発表されている．ウィスコンシン大学に職を得て，反応速度に対する

アイリング
Special Collections, University of Utah より

関心を持ち始める．1929年，ドイツに留学しM.Polanyiのもとで研究する機会を得たことが彼のその後の研究方向に大きな影響を与えた．ベルリンから帰国し，バークレーで1年過ごした後，プリンストンに招かれた．15年間のプリンストン時代に前述の遷移状態理論，液体構造論の研究や"Quantum Chemistry"[14]の執筆が行われた．

敬虔なモルモン教徒であった彼は，子供たちが10代に近づくにつれて，その信仰の中心地の近くに居を移すことにして，1946年，ユタ大学に移り，新たに設立された大学院の責任者として20年間その任にあった．行政上の地位からの引退後も，Distinguished Professorとして研究を続けた．

やむこと無き研究の意欲は驚くべきもので，土曜日に働くのは勿論のこと，宗教上の制約が無かったら日曜日にも働いたことであろう．講義は土曜日や祝日にも行われた．癌に犯された晩年は苦痛に満ちたものであったと想像されるが，モルモン教会の伝統である勤労奉仕作業には，自由の利かない身になっても最後まで参加し続けとたいう．

本章は，以前著者が日本金属学会会報『まてりあ』に寄稿した二報[15][16]をもとに構成したものである．

【参考文献】

1) S.Arrhenius：Z. Phys. Chem., **4** (1889), 226.
2) 小岩昌宏：アレニウスの式と化学反応速度論，真空理工ジャーナル, **2** (1973),16.
3) 慶伊富長，小野嘉夫：活性化エネルギー，[化学 one point 12]，共立出版 (1985).
4) マノロフ著，早川光雄訳：化学をつくった人々 下，東京図書 (1979).
5) A.J.アイド著，鎌谷親善，藤井清久，藤田千枝訳：現代化学史 3，みすず書房 (1977).
6) 日本化学会編：化学の原典〈第II期〉2 電解質の溶液化学，学会出版センター (1984).
7) 竹内敬人，山田圭一：化学の生い立ち，[新化学ライブラリー]，大日本図書 (1992).
8) 園部利彦：化学者 111 話，近代文芸社 (1995).
9) Elizabeth Crawford：*Arrhenius From Ionic Theory to the Greenhouse Effect*, Science Publications USA. (1996).
10) アーレニウス著，寺田寅彦訳：史的に見たる科学的宇宙観の変遷，[岩波文庫]，岩波書店 (1996). [初版は 1931].

11) S.Glasstone, K.J.Laidler and H.Eyring : *The Theory of Rate Processes*, McGraw-Hill (1941).
12) アイリング著，長谷川繁夫, 平井西夫, 後藤春雄訳：絶対反応速度論，吉岡書店 (1964).
13) D.Henderson : The Journal of Physical Chemistry, **87** (1983), 2638.
14) H.Eyring, J.Walter and G.E.Kimball : *Quantum Chemistry*, John Wiley & Sons, INC., (1944). 小谷正雄，富田和久訳：量子化学，山口書店 (1953).
15) 小岩昌宏：アレニウスと反応速度論―伝記に見るその人間像，まてりあ, **39** (2000), 58.
16) 小岩昌宏：アイリング, 絶対反応速度論, 活性化エネルギー, まてりあ, **39** (2000), 160.

14
セレンディピティ
―その源流と異説の由来―

　セレンディピティという言葉はここ十数年の間,科学技術の研究の進め方に関連して新聞,雑誌,書籍などで見かけることが多くなった.私が初めてこの単語を知ったのは,『ラングミュア伝』(A.Rosenfeld 著,兵藤申一・雅子 訳,アグネ,1978) の書評をしたときだから,1978年の末頃だと思う.この本の第9章の表題がセレンディピティ(「掘り出し上手」と訳されている)であった.ラングミュアは「セレンディピティとは予期せぬところからおかげを蒙るための一つの技である」と定義し,後年よくセレンディピティをテーマに選んで講演したという.以来,私はこの語に興味を持ち,あれこれ調べた結果をまとめて,ある雑誌に書いた[1][2].ここではその概要とその後に調べたことを記す.

　オックスフォード英語辞典によれば,この語は Ceylon の古名 Serendip から来ており,Horace Walpole が "The Three Princes of Serendip" という物語の題に因んでつけたものである.

ウォルポールの手紙

　ホラス・ウォルポール(Horace Walpole;1717-97)は英国の著述家で,ケンブリッジ大学を卒業し,フランス,イタリアに遊学,帰国して政治生活に入り,芸術に関する著作やゴシック小説(『オトラント城綺譚』)を発表している.「彼の多くの書簡や回想録は,イギリス貴族の目に映った十八世紀ヨーロッパ文化の姿を反映したものとして文化史的価値を有する」(岩波西洋人名辞典,1981)とのことである.多くの人とやり取りした手紙が「だれそれとの書簡集」とい

う形で10種類以上も刊行されている．彼が，フィレンツェの英国領事である友人Horace Mannあてに送った手紙（全11巻の書簡集の第4巻に収録）で，Serendipityという語を造ったと以下のように述べている．

> … この発見は，正しく私が"serendipity"と呼ぶ類のものです．この"serendipity"は非常に味のある言葉で，その定義をいうよりも由来をお話した方がよく分っていただけると思います．その昔，私は「セレンディップの3人の王子」という他愛ないおとぎ話を読んだことがあります．王子たちは，偶然と賢明さに助けられて，探し求めていたものではないものを発見するのです．たとえば，彼らのうち1人は，歩み進んできた道の左側の草だけが喰われている―右側の方が豊かに繁っているにもかかわらず―という事実から，ごく最近同じ道を右眼が盲目であるらくだが通ったはずだと発見するのです．serendipityという言葉の意味がお分りいただけたでしょうか？自分が求めていたものを発見するというのは，この範ちゅうには入らないのです．

ウォルポール

童話『セレンディップの3人の王子』

この『セレンディップの3人の王子』の原本は，1557年にヴェニスで発行された *"Peregrinaggio di tre giovani figlioli del re di Serendippo"*（イタリア語）（図14.1）である．シカゴに住む弁護士，レマーは"serendipity"について約200頁の本（T.G.Remer, *"Serendipity and The Three Princes"*, University of Oklahoma Press, 1965）（図14.2）を刊行している．この本には著者がなぜこの言葉に関心を抱くに至ったかの経緯にはじまり，ウォルポールの手紙，童話の出版と翻訳，各界におけるこの語への関心など，いうなれば「Serendipityのすべて」が述べられているといっても過言ではない．また本の約60頁は，童話原典の初めての完訳英語版に当てられている．ここでは，その冒頭部分の著者による抄訳を掲げておく．

　昔々，ずっと遠くの東方に，Serendippoという国があり，立派な王様が治めておりました．王様には3人の王子があり，偉い学者を招いて教育した甲斐あっ

図14.1『セレンディブの3人の王子』　図14.2 レマーの本のタイトル・ページ
原本(イタリア語)のタイトル・ページ

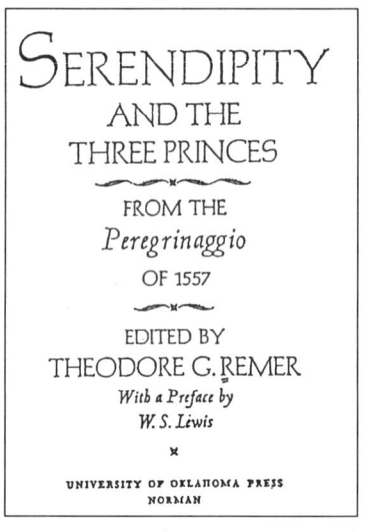

て賢く育ちました．一人前に育ったと判断したとき，1人1人呼び出して質問してみると，3人とも賢く，身のほどをわきまえた受けこたえをするので，王様は内心大層嬉しく思いました．でも表向きは気に入らないふりをして，他国でもっと経験を積み，知識を磨いてこいと送り出しました．

　母国を離れBeramoという王様が治める国（ペルシア）についた3人は，自分が飼っているらくだの行方が分らなくなったと探している男に会いました．「そのらくだは，片眼で」，「歯が1本欠けており」，「足を1本怪我しているのではありませんか？」と3人の王子は口々にたずねました．そんなによく知っているのは，お前たちが盗んだからにちがいない，とその男に訴えられて，王子たちは牢屋に入れられてしまいました．ところが間もなく，らくだは家に戻ってきたので，その男はすぐ王様に話して3人を牢から出してもらいました．「見たこともないらくだの様子がどうしてわかったのか？」とたずねる王様に3人は口々に答えました．

　「旅をしてくる道すがら，片側の草はよく繁っており，反対側はそうでもないのに草を喰べた跡があり，そのらくだは片眼しか見えないとおもいました」

　「道には草のきれはしが散らばっており，ちょうど欠けた歯のすき間位の大きさだったのです」

「はっきりした脚あとは3つ足分で，足をひきずったあとが目立ちました」
　王様は3人の王子の賢さと注意深さに感じ入り，客人として手厚くもてなしました．…

　『セレンディップの3人の王子』の邦訳は出版されていないが，『ある神経学者の歩いた道 追求・チャンスと創造性』[3]の巻末にその概要が付されている．また『セレンディピティ ツキを呼ぶ脳力』[4]には絵本の形式で梗概が紹介してあるので，関心ある向きは参照していただきたい．
　なお，小学校の国語教科書（大正7～昭和15年，昭和21～24年）には，「逃げたらくだ」という表題でらくだの話が取り上げられている．また，大正14年および昭和7年発行の中学校用の英語教科書には "The Lost Camel" という表題で似通った話が載っている．

セレンディピティの魔力

　「セレンディピティ」の語源となった片目のらくだのエピソードは「注意深く観察するといろいろなことが推測できる」といういわばシャーロック・ホームズ的な能力あるいは資質を示唆しており，「偶然と賢明さに助けられて，探し求めていたものではないものを発見する」能力というウォルポールの定義は不適切である．それにもかかわらず，多くの人がこの語に惹きつけられて来たのはなぜだろうか？
　手元にある『英語学習逆引き辞典』[5]には，語尾が -ity で終わる単語が 246 語収録されている（serendipity は載っていない）．その大部分は形容詞の後にこの語尾を加えてできたもので，「状態」，「性質」をあらわす抽象名詞であり語幹から容易に意味が推測できるものがほとんどである．"serendipity" は造語であるから意味を推測しようがないことから言語愛好家，好事家の好奇心をそそったのであろう．"serene"（晴朗な）という語義が爽やかで，音の響きも快い単語との近縁（実はまったく関係ないのだが）を思わせることも探索心を喚起したらしい．前述のレマーの書にはそのあたりの話も書いてある．そして彼はいう．

　…研究者は問題に対する解答，あるいは仮説に対する証明を求めて研究を行う．

偶然に恵まれて目的を達する場合もあろうが、それはたまたま掘り出し物がでてきたとしても、それを即座に認識する心の準備、条件づけができていたからである。研究の全過程において、ゴールに達するための手がかりはないかと油断なく見張りつづけていたからである。かすかな手がかりでもぬかりなくそれに気づくには、もちろん高い知性が必要であろう。しかし、ある問題の解決をめざして探求をつづけている研究者が、まったく別の発見をしうるためには、より高度のなにものかがなければならない。この高度の知性こそ、ウォルポールが語った "accidental sagacity" であり、"serendipity" に他ならない。これは、洞察、天啓、ひらめき、霊感などとも表現されてきたものである。このとらえどころのないものこそが、天賦の才に恵まれた研究者（gifted researcher）の精神をより高い次元の認識状態にパッと飛躍させる ― どうしてそこに到達できたのかすぐには説明できぬまま ― のである。

セレンディピティ的発見のための教育

　レマーは上述のように格調高く "serendipity" を天賦の才能と定義する。でもそうだとしたら凡人である研究者は "serendipity" はないとあきらめるべきか？ いやそう捨てたものでもない。R.S.レノックスは、好奇心や認知力が生まれつきほかの人たちより強い人もいるかもしれないが、それらを助長することは可能であると述べている。「セレンディピティ的発見のための教育」[6] という論文で学生が好運な偶然を利用できるような心構えを育てるいくつかの方法について述べている。第一の方法は、予想されたことばかりでなく予想されなかったことも含め、すべてを観察し記録するという訓練を課すことである。また、指導者は学生につけさせたノートを詳細に点検し観察能力と記録能力を評価・指導することの重要性を指摘している。セレンディピティの恩恵をこうむるための準備のもうひとつの方法は、その研究分野を注意深く勉強しておくことである「偉大な発見の種はいつでも私たちの周りに漂っているのだが、それが根をおろすのは十分待ち構えた心に限られる」。

　しょせん研究に王道はなく、着実な努力の積み上げ、行き届いた研究指導の重要性を改めて確認せよということであろうか。

材料研究とセレンディピティの一例

　R.M. ロバーツ著の『セレンディピティ』[7]には，アルキメデスの「ユリイカ」をはじめとして，天然ゴム，合成ゴム，合成染料，レーヨン，テフロンなど36章にわたって思いがけない発見・発明のドラマが語られている．その中にはでてこないが，金属合金に関しても偶然に幸いされた発明がある．その一つとしてジュラルミンの例[8]を見てみよう．

　今日の Al 製錬の基であるアルミナの氷晶石による溶融塩電解法は1886年に発明された．しかし，構造材料としては強度が不足で，強力合金の開発が要求された．ウィルムは，合金元素添加というありきたりの方法以外に，当時すでに鋼について行われていた圧延材，鍛造材を熱処理する方法を試みた．第12章で述べたように，1906年9月，彼は初めて時効硬化現象を確認し，後年ジュラルミンと呼ばれることとなる合金を発明した．Cu4%，Mg0.5%を含むAl合金を9月のある土曜日に焼き入れし，硬さの測定を午後1時まで行い，その続きを翌々日の月曜日に行ったところ著しく硬くなっていたという．もし，この実験が半ドンの土曜日ではなく平日に行われていたとしたら，時効による硬化現象は見過ごされてしまったであろう．その意味でまことに幸運な偶然に恵まれた（serendipitous な！）ものといえよう．

異説セレンディピティ

　毎日新聞の「余禄」（1994年8月23日）で以下のような文章を見かけた．

> 　セレンディプの三人の王子は国王である父の命令で，秘密の巻物を手に入れるため，旅に出る．国を取り巻く大洋に出没する巨大なドラゴンを退治する方法を書いた巻物だ．三人は次々に難題を解決していくが，みつからない．旅の途中，昔なじみの村の廃墟を見て三人は涙を流した．涙はドラゴンに滴り落ち，ドラゴンは滅びた．まるでテレビゲームのような奇想天外な筋だてだ．ここから十八世紀半ばに「セレンディピティ」という英語が生まれた．

　これを読んで私は首をかしげた．上述のように，レマーの本にある話には「国を取り巻く大洋に出没するドラゴンを退治する方法を記した巻物」は登場しない．その出所を調べた結果次のような事情が判明した．

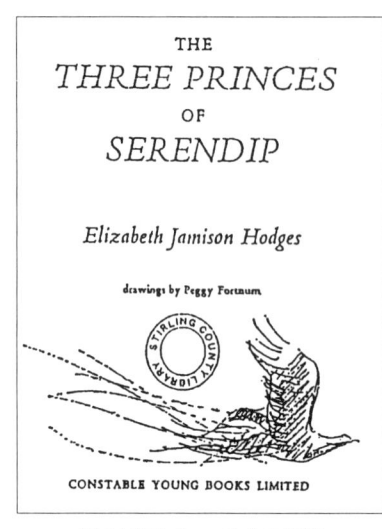

図 14.3 Hodges の本の表紙

「セレンディピティ」の語源探索にとりくんだ詳しい道行きを竹内慶夫が「オリジナリティーとセレンディピティ」と題して日本大学文理学部の『学叢』に記している[9]．また，新関暢一もその訳書「創造的発見と偶然 科学におけるセレンディピティ」の訳者あとがきで「私とセレンディピティ」の関わりを述べている[10]．両氏がともに最後に辿り着いた文献としてあげているのは，Elizabeth J.Hodges の著, *"The Three Princes of Serendip"* (Constanble Young Books Ltd., London, 1965)（図 14.3）である．これは子供向きに書かれたもので，ここにドラゴンが登場する．原著の枠組みを踏まえてはいるものの話は大幅に異なっており，ほとんど彼女の創作というべきものである．したがって，「セレンディピティの原典」としてとりあげるのは適当でない．

出所不明の異説セレンディピティいろいろ

ついでに「異説」のいくつかを紹介しておこう．私の知人の多くは，「セレンディピティ」という語を外山滋比古のエッセイで知ったという．そのエッセイには以下のようなくだりがあるけれど，その出所はなんであろうか？

> この三王子は，よくものをなくして，さがしものをするのだが，ねらうものは一向に探し出さないのにまったく予期していないものを掘り出す名人だった，というのである．（『思考の整理学』，筑摩書房，1986）

> 主人公の王子たちはさがそうとしているのでもない宝ものを掘り出すことにたけていた．（「名言の内側」，日経，1988 年 11 月 6 日）

14. セレンディピティ

阿刀田 高の小説，エッセイでも「セレンディピティ」を時折みかける．その一つを以下に記す．

> セレンディピティの意味は複雑だ．多岐に分かれている．定義が異なっている．まず私が知っている定義を言えば"捜しものがあるとき，一生懸命にそれを捜しているあいだは見つからず，あきらめたあとでヒョイとそれが見つかること"これがセレンディピティである．(『好奇心紀行』，講談社，1994)

「私が知っている定義」は，おそらく，外山滋比古のエッセイが出所であろう．ひろさちやの本には次のように書いてある．

> 当時（ウォルポールの時代），イギリスに「セレンディップの三人の王子」という童話があった．その童話をもとにウォルポールは"セレンディピティ"という単語をつくったのである．この童話の王子様は，しょっちゅう捜し物をしている．だから変人・奇人とされているのだが，しょっちゅう捜し物をするのは異常ではない．われわれと同じである．王子様はいたって凡人である．だが凡人と違うところがある．それは，王子様はしょっちゅう捜し物をしていて，そして捜し物はなかなか見つけないのだが，そのかわり王子様は別の宝物を見つける．捜しているものよりももっと貴重なものを見つけ出してくる．王子様には，そういう超能力があるのだ．(『ひろさちやの心が楽になる言葉』，徳間書店，1996)

これも出所は外山滋比古のエッセイではなかろうか？

東大教授（機械工学）であった渡辺 茂の本に，以下のような話が書いてある．もっともらしい話であるので，何か根拠があると思うのだがわからない．

> この言葉は，セイロン島について研究していたある考古学者の話に由来している．彼は，セイロン島の文献を調べているうちに，世界にもまれな大遺跡があることを発見した．勇躍して大調査団を組み，乗り込んだのだが，どこを探してもあるべきはずの遺跡が見つからない．結局，当初の目的は達せられなかったが，遺跡の調査中，偶然にも，昔，海賊が隠匿していた宝物を発見し，彼は一躍，大金持になったというのだ．(『発想読書術』，ごま書房，1978)

もう一つ，出所不明な話がある．

　昔，セレンディップ国，ひと昔のセイロン，現在のスリランカのお姫様が，予期せぬ幸運にめぐり合ったので，Serendip の国の名前をとって，このような単語の意味になった．（新名美次，『ちょっとした外国語の覚え方』，講談社，1995）

　エッセイには出典が明記されない話が出てくることが多い．どこかで聞いたり読んだりした話がうろ覚えの記憶を頼りに，あるいは勝手な思い込みでいったん文字にされるとそれが一人歩きをはじめる．「エッセイスト諸氏よ，心せよ!!」

　有名な評論家・識者の言だからといって，また，著名な新聞・雑誌・書籍に掲載されていたからといって，気軽に引用・受け売りするのは考えものである．

　なお，『セレンディップの3人の王子』の原著はヴェニスの出版業者 Michele Tramezzino が刊行したもので，そのタイトル・ページ（図 14.1）には，Christoforo Armeno（アルメニア人クリストファーの意．当時アルメニア人は姓を持たないのが普通であった）によってペルシア語からイタリア語に翻訳された…とある．レマーは，「クリストファーは実在の人物ではなく，Tramezzino 自身が編集および一部創作したものであろう」と推論している．いずれにしても，ホラス・ウォルポールがこの物語の作者でないことは明らかであるのに，れっきとした大辞書（*A Comprehensive Etymological Dictionary of the English Language*, Elsevier, 1967）にも，'his tale'（ウォルポール作の物語の意）と書いてある．このためか英和辞典にもウォルポールを著者であるとしているものがある．たまたま最近購入した電子辞書に搭載されている『ジーニアス英和大辞典』（大修館書店）で serendipity を引いてみたら，「…Horace Walpole 作の寓話 The Three Princes of Serendip (1754) の主人公に…」と書いてある．物事を調べる際には，1冊の辞書だけではなく数冊あたってみる必要があることを痛感する．

【参考文献】
1) 小岩昌宏：Serendipity とは何か，BOUNDARY, **4** (1988) 第 5 号，73.
2) 小岩昌宏：続 Serendipity とは何か—日本に来ていた「逃げたらくだ」, BOUNDARY, **4** (1988) 第 10 号，74.
3) J.H. オースチン著，横井晋 訳：ある神経学者の歩いた道 追求・チャンスと創造性，金剛出版 (1989).
4) 久保田競，夏村波夫：セレンディピティ ツキを呼ぶ脳力，主婦の友社 (1990).
5) 郡司利男 編著：英語学習逆引き辞典，開文社 (1967).
6) R.S.Lenox：Journal of Chemical Education, **62** (1985), 282.
7) R.M. ロバーツ著，安藤喬志 訳：セレンディピティ，化学同人 (1993).
8) 小岩昌宏：ジュラルミンのえてぃもろじい，日本金属学会会報，**24** (1985), 32.
9) 竹内慶夫：オリジナリティーとセレンディピティ，学叢，日本大学文理学部，第 41 号 (1986 年 12 月), 45-55.
10) G. シャピロ著，新関暢一 訳：創造的発見と偶然 科学におけるセレンディピティ，[科学のとびら]，東京化学同人 (1993).

付
私の書いた原稿

　本書の出版を思いたったときには，「金属学プロムナード」として連載した記事に加えて，日本金属学会会報『まてりあ』などに掲載した原稿をいくつか加えるつもりであった．しかし今回は「金属学プロムナード」記事のみに限定してまとめることになったので，とくに出版社にお願いして著者の書いたその他の原稿のリストを付し，これに簡単な解説を加えることとした．

留学・研究所訪問記など

　著者がはじめて海外に出かけたのは1969年で，英国に2年間ラムゼー奨学生として留学しオックスフォード大学に滞在した[2]．二度目の海外出張は1976年で日本学術振興会の2国間協定により，カナダに3ヵ月滞在した．このとき見聞きした研究費の状況を記したのが[8]である．1983年の中国[15]，1984年のイタリア訪問[17]もともに日本学術振興会の2国間協定による出張であった．それぞれ内部摩擦の分野で著名な業績を挙げた葛庭燧(T.S.Kê)，Bordoni教授に会い，長時間面談した際のテープ録音を起こして執筆したものである．

伝記・人物業績紹介

　オックスフォード滞在中にヒューム‐ロザリー記念講演の第1回が開催され，Raynor教授がヒューム‐ロザリーの業績に関する講演を行った．この講演内容をもとに「ヒューム‐ロザリー伝」[3]を執筆した．Zenerは内部摩擦に関

する古典的名著 "Elasticity and Anelasticity" の著者で，ゼナー・ダイオード，s-d 相互作用による金属の強磁性理論など広汎な分野で先進的な業績をあげた研究者である．国際会議の折の講演原稿を入手して翻訳紹介した [20]．Turnbull の名は，Seitz と並んで "Solid State Physics" の共同編集者としてもよく知られている．1986 年 4 月，日本国際賞（第 2 回）の受賞講演の要旨と，アモルファス，相変態などに関する論文リストを同氏から入手して掲載した [21]．

　拡散の教科書には，相互拡散の実験データの解析方法としてボルツマン-俣野の方法が必ず紹介されている．俣野は，戦後の混乱期に若くして亡くなったこと，研究対象を金属から繊維高分子に変えたことなどから，その消息を知る人は少なかった．その経歴，業績，学位論文などを紹介した [40, 41]．アレニウスは反応速度の温度依存性を表す「アレニウスの式」でよく知られている．1996 年，米国で刊行された伝記を参照しつつ，その多面的な業績と人間像を紹介した [42]．アイリングはその著書「絶対反応速度論」で著名な物理化学者である．アイリングの協力研究者であった韓国生れの李（Ree）さんとの私の偶然の出会い，その父親である李泰圭さんは京大卒業後にアイリングのもとで学んだことなど，アイリングの経歴とともに記した [43]．

論文の書き方・講演発表・引用索引 (Citation Index)

　ヒューム-ロザリーの論文・著書は非常に読みやすく書かれている．その彼が英国の雑誌に「科学論文の書き方」と題する一文を寄稿しているのを知り，その概要を紹介した [5]．口頭発表の心得 [12] を投稿するとともに，論文執筆と講演発表の技法に関する書籍を紹介した [14]．40 年の研究生活の間に聴いた講演のうち，印象に残る講演 3 つを取り上げて紹介した [38]．また，物理学会誌に英文論文執筆に関する経験，失敗談を寄稿した [50]．

　文献調査，研究（者）評価によく使われる Citation Index の紹介 [4]，それを利用した米国の材料関係大学の評価 [13]，学術雑誌の評価 [29]，日本の科学の国際的評価 [53] などを述べた．

内部摩擦・拡散について

　私の卒業研究，大学院修士・博士課程の研究主題である内部摩擦は，最後まで私の主要な関心の対象の一つであった．その関係の解説 [47, 48]，[55, 56]，

文献・書籍紹介［7］,［22］,実験方法の解説［44］などがある．

水素を含む金属の内部摩擦を測定している間に，線状試料の自発的ねじれ現象に気付き，その原因解明の過程でポインティング効果を知り，その解説を記した［11］．Poyntingは，電磁場のエネルギーの流れをあらわすベクトル—ポインティング・ベクトル—にその名を残す英国の物理学者である．「ポインティング効果」とは，金属線をねじり変形をすると長さが変化する現象をいう．その変化の大きさは，3次の弾性定数によって決まる．

内部摩擦のスネーク効果から発した私の拡散現象への興味は，最初エレクトロトランスポートと呼ばれる，電場のもとでの原子の輸送に向いた．この紹介として執筆したのが私の研究者としての最初の解説記事である［1］．拡散は金属間化合物，チタンを対象として実験を行った．そのほとんどは中嶋英雄氏との共同研究で，［28］,［30］,［34］はいずれも同氏との共著である．ランダム・ウォーク，相関係数など拡散に関する理論や計算の論文（英文）を多数書いたが，それに関する邦文解説は［45］のみである．

このほか，Avramiの式，Avrami指数などで知られるAvramiが，男性であるにもかかわらず女性であると思っている人が多いのは何故か？という疑問に発したAvrami探しと，相変化の速度論の系譜を辿った報告［23, 27］，セレンディピティという用語にまつわる話［51, 52］など，執筆のために苦労した思い出が多くある．リストを作ってみるとそれぞれにそんな思い出がよみがえる．

《私の書いた原稿のリスト》

日本金属学会会報（第31巻まで），まてりあ（第32巻以降）に掲載の原稿
　［1］《集録》金属・合金のエレクトロ・トランスポート，**6**(1967) 159.
　［2］《留学随想》オックスフォードの2年間，**11**(1972) 53.
　［3］《伝記》ヒューム-ロザリー伝，**13**(1974) 74.
　［4］《資料》Science Citation Indexについて，**14**(1975) 203.
　［5］《資料》ヒューム-ロザリーの忠告—科学論文の書き方—，**14**(1975) 355.
　［6］《資料》国際単位系SIについて，**14**(1975) 921.
　［7］《書籍・文献案内シリーズ》金属の内部摩擦，**15**(1976) 124.
　［8］《トピックス》カナダにおける科学研究費の現況，**16**(1977) 446.
　［9］《資料》科学技術文献情報オンライン検索サービスの試用経験，**16**(1977) 706.

- [10]《討論》山本悟氏の"新しい反応速度論"(共著:石岡俊也), **20** (1981) 951.
- [11]《解説》ポインティング効果の話, **21** (1982) 210.
- [12]《談話室》日本語で講演する人のために, **22** (1983) 756.
- [13]《資料》Science Citation Index の功罪─米国の材料関係学科の評価をめぐって─, **22** (1983) 1055.
- [14]《談話室》発表の技法 ─書籍紹介─, **23** (1984) 10.
- [15]《研究所訪問・紹介》中国科学院固体物理研究所を訪ねて 聞き書き ─内部摩擦研究事始め, **23** (1984) 291.
- [16]《特集 固体中の転位》転位論 ─黎明期のエピソード, **23** (1984) 479.
- [17]《研究所訪問・紹介》イタリア音響研究所を訪ねて─ Bordoni 教授に聞く─, **24** (1985) 211.
- [18]《談話室》ジュラルミンのえてぃもろじい, **24** (1985) 324.
- [19]《談話室》tough pitch copper の語源, **24** (1985) 533.
- [20]《資料》Zener の回想 ─熱力学を基礎として─, **24** (1985) 1015
- [21]《資料》日本国際賞受賞者 D. Turnbull 博士とその業績, **25** (1986) 542.
- [22]《集録》金属中の水素による内部摩擦 (共著:吉成 修), **25** (1986) 624.
- [23]《資料》相変化の速度論の系譜─ Johnson-Mehl-Avrami の式をめぐって─, **25** (1986) 640.
- [24]《解説》不均質系の物理的性質の複合則 (共著:高田 潤), **27** (1988) 525.
- [25]《談話室》再論「tough pitch copper の語源」, **27** (1988) 832.
- [26]《談話室》お富さん, **28** (1989) 232.
- [27]《資料》続 相変化の速度論の系譜 ─ Avrami からの手紙─, **28** (1989) 294.
- [28]《最近の研究》金属間化合物における拡散 (共著:中嶋英雄, 伊藤 建), **28** (1989) 723.
- [29]《最近の研究》学術雑誌のランキング ─ Science Citation Index, とくに Journal Citation Reports について **28** (1989) 987.
- [30]《集録》チタンにおける拡散 (共著:中嶋英雄), **30** (1991) 526.
- [31]《国際会議報告》第 1 回「先端材料およびプロセッシング」に関する環太平洋国際会議, 31(1992) 924.
- [32]《特集 金属学・材料科学をどう教えどう学ぶか》材料科学を学ぶ ─学生として教師として─, **33**(1994) 853.
- [33]《まてりあ広場》Rule of Thumb, **34** (1995) 231.
- [34]《国際学会だより》「材料における拡散」国際会議 (DIMAT-96) (共著:中嶋英雄), **35** (1996) 1263.

[35] 《先端実験技術シリーズ》弾性的性質の測定法（共著：田中克志），**36** (1997) 254.
[36] 《第43回本多記念講演》拡散研究の歩み，**37** (1998) 347.
[37] 《資料》背信の科学者―小説と実録と，**37** (1998) 1026.
[38] 《情報・資料》印象に残る講演，**38** (1999) 33.
[39] 《「ノート」から》ポロニウムの結晶構造，**38** (1999) 144.
[40] 《資料》俣野仲次郎－相互拡散の "Matano Interface" に不朽の名を残す研究者の軌跡，**38** (1999) 511.
[41] 《資料》俣野仲次郎の拡散拡散研究，**38** (1999) 798.
[42] 《資料》アレニウスと反応速度論―伝記に見るその人間像，**38** (2000) 58.
[43] 《資料》アイリング，絶対反応速度論，活性化エネルギー，**38** (2000) 160.

その他の雑誌に掲載の原稿

[44] 低周波内部摩擦の測定，固体物理，**2** (1967) 41.
[45] トラップのあるランダム・ウォーク，固体物理，**8** (1973) 119.
[46] アレニウスの式と化学反応速度論，真空理工ジャーナル，**2** (1973) 16.
[47] 内部摩擦の話，真空理工ジャーナル，**5** (1976) 14.
[48] 内部摩擦の話（その2），真空理工ジャーナル，**12** (1983) 16.
[49] "合金における析出のきっかけ"によせて，材料科学，**11** (1974) 208.
[50] Journal の論文をよくするために―失敗談と箴言―，日本物理学会誌，**29** (1974) 250.
[51] Serendipity とは何か，バウンダリー，**4** (1988) 第5号, 73.
[52] 続 Serendipity とは何か ―日本に来ていた「逃げたらくだ」―，バウンダリー，**4** (1988) 第10号，74.
[53] 日本の科学の国際的地位―発表論文数と引用数から見た評価，バウンダリー，**7** (1991) 第6号，38.
[54] 小説の中の金属，金属，**58** (1988) 第11号 86.
[55] 内部摩擦研究の歩み，金属，**67** (1997) 955.
[56] 内部摩擦研究とメカニカル スペクトロスコピー，金属，**68** (1998) 961.
[57] 微小試料による弾性率測定法（共著者　田中克志），金属，**69** (1999) 129.

索 引

《事 項》

アクチニウム系 …………………… 24
アクチノイド ……………………… 24
アルニコ磁石 …………………… 40,62
アレニウス型の式 ………………… 108
────の式 ………………………… 148
────・プロット ………………… 151
陰極線 ……………………………… 87
永久磁石 …………………………… 40
　　アルニコ磁石 ……………… 40,62
　　MK 鋼 ………………………… 40,47
　　MT 磁石 ……………………… 59
　　MV 磁石 ……………………… 59
　　KS 鋼 ………………………… 40,42
　　新 KS 鋼 ……………………… 40,53
　　析出硬化磁石合金 …………… 62
　　焼入れ硬化磁石鋼 …………… 62
X 線 ………………………………… 83
──回折 …………………………… 130
──発生装置 ……………………… 132
エマナチオン ……………………… 111
MK 鋼 ……………………………… 40,47
MT 磁石 …………………………… 59
MV 磁石 …………………………… 59
王立鉱山学校 …………………… 106,127
応力腐食割れ ……………………… 144
オデュッセイア …………………… 94
音叉 ………………………………… 1
カールスルーエ国際化学会議 …… 73,74
拡散 ……………………………… 3,102
加工硬化過程 ……………………… 115

活性化エネルギー ………………… 151
────状態 ……………………… 157
活性錯体 …………………………… 157
活性分子仮説 ……………………… 153
カロリック説 ……………………… 68
緩和現象 …………………………… 4
気体運動論 ………………………… 77
気体の格子理論 …………………… 67
気体分子運動論 ………………… 67,103
希土類元素 ……………………… 22,23
強磁性フェライト ………………… 3
金属間化合物 ……………………… 127
金属電子論 ………………………… 131
格子理論（気体の） ……………… 67
KS 鋼 …………………………… 40,42
結晶成長 …………………………… 120
──塑性 …………………………… 119
元素周期表 ………………………… 18
工具鋼 ……………………………… 45
高速拡散 …………………………… 107
固溶体 ……………………………… 131
シカゴ大学金属研究所 …………… 7
時効硬化 …………………………… 139
自己拡散 …………………………… 110
磁性材料 …………………………… 5
周期表 ……………………………… 18
　　立体周期表 ………………… 20,21
ジュラルミン ………………… 139,167
　　超ジュラルミン ……………… 144
　　超々──── ………………… 144
状態図（研究） …………………… 128
　　平衡状態図 ………………… 108,132

新KS鋼	40,53	電子顕微鏡	122
水銀中毒	16	電離説	153
スズ	37	同素変態	37
スネーク効果	174	内部摩擦	1,172,173
────・ピーク	1	ニッポニウム	29
スピノーダル分解	62	ニュルンベルグ裁判	88
析出硬化磁石合金	62	熱素	69
積層欠陥	124	熱電対	107
絶対反応速度論	157	ネプツニウム	38
ゼナー・ダイオード	173	ノーベル財団	154
セレン	36	ノーベル賞	5,88,154
セレンディップの3人の王子	163,170	────化学賞	29,110
セレンディピティ	79,162,174	────物理学賞	33,87,88
零式戦闘機	144	ノーベル物理化学研究所	155
遷移金属	133	バーガース回路	118
センダスト	59	────・ベクトル	118
造幣局	10,106	パイエルス-ナバロ力	117
────化学官	106	刃状転位	115
────監事	11	反射望遠鏡	13
────長官	12,103	反応速度論	148
タフピッチ銅	145	非可逆鋼	48
炭酸ガス温室効果	157	ヒューム-ロザリー則	131
単純立方構造	36	フィリップス研究所	5
炭素原子	3	フィロソフィカル・マガジン	93
ダンピング	4	フェライト	5
地球温暖化	157	物理冶金学	41
超ウラン元素	26,38	部分転位	122
超ジュラルミン	144	ブラウン運動	111
超々ジュラルミン	144	フランク-リード源	119
超不変鋼	59	ブリリュアン帯	131
デュルナー・メタルヴェルケ	141	プリンキピア	10,69
テルル	36	フロギストン説	68,70
転位	114,115,118,122	平衡状態図	108,132
刃状転位	115	放射性同位元素	110
部分──	122	ポルテバン-ル・シャトリエ効果	122
らせん──	115	ポロニウム	22,32
転位論	114	魔術師	15
電子化合物	130	マンハッタン・プロジェクト	34

モルモン教	159	Demokritos (デモクリトス)	70
焼入れ硬化磁石鋼	62	Einstein, A. (アインシュタイン)	111
溶液論	155	Ewald, P. P. (エワルド)	86
らせん転位	115	Eyring, H (アイリング)	148, 157, 173
ラドン	111	Feynman, R.P. (ファインマン)	65
ランタノイド	23	Fick, A.E. (フィック)	84, 104
ランタン系	23	Forsyth, F. (フォーサイス)	37
立体周期表	20, 21	Fourier, J-B. J. (フーリエ)	104
rule of thumb	137	Francis, William (W. フランシス)	97
レニウム	30, 31	藤島武次	50
錬金術	13, 14	Gadolin, J. (ガドリン)	25
レントゲン線	85	Gay-Lussac, J.L. (ゲイ・リュサック)	72
ロンドン塔	12	Gibbs, J.W. (ギブス)	108
		Giguere, P. (ジゲール)	21
《人 名》		Goldsteint, E. (ゴールドシュタイン)	80
		Graham, T. (グレアム)	17, 97, 103, 104
Ampère (アンペール)	68	濱住松次郎	142
Arrhenius, S.A. (アレニウス)	148, 173	橋口隆吉	49
浅原源七	90	Haughton, S. (ホウトン)	93
阿刀田 高	169	林 威	43
Avogadro, A. (アヴォガドロ)	68, 73	Hevesy, G. (ヘヴェシー)	110
鮎川義介	90	ひろさちや	169
Berzelius, J.J. (ベルセリウス)	25	Hirsch, P.B. (ハーシュ)	114, 122
Boisbaudran, P.E.L.de (ボアボードラン)	25	Hittorft, J.W. (ヒットルフ)	80
Bollmann, W. (ボルマン)	123	本多光太郎	41, 42
Boltzmann, L. (ボルツマン)	77, 173	星野芳郎	41, 58
Boyle, R. (ボイル)	13, 68	Hume-Rothery, W. (ヒューム-ロザリー)	127, 172, 173
Bragg, W.L. (ブラッグ)	89	石川悌次郎	59, 63
Burgers, J.M. (J.M. バーガース)	115, 118	板倉聖宣	20, 31
Burgers, W.G. (W.G. バーガース)	3, 117	岩瀬慶三	57
Cannizzaro, S. (カニツァーロ)	73, 75	勝木 渥	43, 59
Cottrell, A.H. (コットレル)	114, 121	Kê, T.S. (葛庭燧)	7, 172
Crookest, W. (クルックス)	81	Kekule, A. (ケクレ)	74
Curie, Marie (キュリー夫人)	22	Keynes, J.M. (ケインズ)	14
Curie, Pierre and Marie (キュリー夫妻)	32	北野 均	51
Dalton, J. (ドルトン)	14, 68, 70	木内修一	53, 60, 61
Davy, H. (デーヴィ)	22, 25	Kundt, A. A. E. E. (クント)	80
de Chancourtrois (ド・シャンクルトア)	20		

Kölliker, R.A.von (ケリカー) ………… 85
Langmuir, I. (ラングミュア) ………… 162
Laue, Max von (ラウエ) ……………… 86
Lavoisier, A.L. (ラボアジェ) ………… 68,70
Le Chatelier, H.L. (ル・シャトリエ) … 107
Lenardt, P.E.A.von (レナルト) …… 82,87
Leukippos (レウキッポス) …………… 70
Lucretius (ルクレチウス) …………… 70
牧野 昇 ………………………………… 48
増本 量 ………………………… 42,53,63
Maxwell C.R. (C.R.マックスウェル) …… 35
Maxwell J.C. (J.C.マックスウェル)
………………………………… 77,109,110
Mendeleev, D.I. (メンデレーエフ) 19,23,76
Mendoza, E. (メンドーザ) …………… 67
Meyer, J. L. (マイヤー) ……………… 76
三島徳七 ……………………………… 41,47
Montague, C. (モンタギュー) ………… 11
Mott, N.F. (モット) …… 100,114,123,131
村川 梨 ………………………………… 60
Nabarro, F.R.N. (ナバロ) ………… 114,117
夏目漱石 ……………………………… 92
Néel, L.E. (ネール) …………………… 3,6
Nernst, H.W. (ネルンスト) ………… 155
Newton, I. (ニュートン) …………… 8,69,70
西川正治 ……………………………… 89
Nobel, A. (ノーベル) ……………… 154
小川正孝 ……………………………… 29
小川四郎 ……………………………… 32
Ohm, G.S. (オーム) ………………… 104
小野澄之助 …………………………… 89
Orowan, E. (オロワン) …………… 115,116
Ostwald, F.W. (オストヴァルト／オストワルト)
……………………………… 77,153,154
Pauling, L.C. (ポーリング) ………… 133
Peierls, R.E. (パイエルス) ……… 114,116
Polanyi, M. (ポラニ) …………… 115,160
Priestley, J. (プリーストリー) …… 25,70

Proust, J.L. (プルースト) …………… 71
Ramsay, W. (ラムゼー) …………… 25,29
Remer, T.G. (レマー) …………… 163,170
Roberts-Austen, W.C. (ロバーツ・オーステン)
………………………………… 17,106
Roozeboom (ローゼボーム) ………… 109
Ruhmkorfft, H.D. (リュームコルフ) …… 80
Rutherford, E. (ラザフォード) …… 110
Röntgen, W.C. (レントゲン) ………… 79
佐貫亦男 ……………………………… 142
Scheele, K.W. (シェーレ) …………… 25
Seeger, A. (ゼーガー) ……………… 114
新名美次 ……………………………… 170
白川勇記 ……………………………… 43,55
Snoek, J.L. (スネーク) ……………… 1
Sommerfeld, A. (ゾンマーフェルト) …… 86
住友吉左衛門 ………………………… 47
高木 弘 ………………………………… 42
武田修三 ……………………………… 53
武井 武 ………………………………… 6,40
竹内 栄 ………………………………… 57
俵 国一 ………………………………… 90
Taylor, Richard (R.テイラー) ……… 96
Taylor, G.I. (G.I.テイラー) …… 115,123
寺田寅彦 …………………………… 89,95,156
Tilloch, A. (ティロッホ) …………… 99
外山滋比古 …………………………… 168
van der Waals, J.D. (ファン・デル・ワールス) 109
van't Hoff, J. (ファント・ホッフ) …… 152
Walpole, H. (ウォルポール) ………… 162
渡辺 茂 ………………………………… 169
Wert, C. (ワート) ……………………… 7
Whelan, M.J. (ウィーラン) ………… 122
Wilm, A. (ウィルム) ………………… 141
Wykoff, R.W.G. (ワイコフ) ………… 89
吉原賢二 ……………………………… 31
Zener, C. (ゼナー) ………………… 7,172

■著者略歴

小岩 昌宏（こいわ まさひろ）

1936年　名古屋市に生まれる
1959年　東京大学工学部冶金学科卒業
1964年　東京大学大学院博士課程修了
　　　　東北大学金属材料研究所，講師，助教授，教授を経て
1985年　京都大学工学部教授
2000年　定年退官

工学博士，京都大学名誉教授
専攻：材料物性学，拡散，相変態，内部摩擦

金属学プロムナード　—セレンディピティを追って—

著　者	小岩　昌宏 ©	2004年12月25日　初版第1刷発行
発行者	比留間柏子	2005年 9月20日　初版第2刷発行

発行所　株式会社 アグネ技術センター
　　　　〒107-0062　東京都港区南青山 5-1-25 北村ビル
　　　　電話 03(3409)5329・FAX03(3409)8237
　　　　振替 00180-8-41975

印刷・製本　株式会社平河工業社

落丁本・乱丁本はお取替えいたします．　　　Printed in Japan, 2004
定価は表紙カバーに表示してあります．　　　ISBN 4-901496-20-4 C0057